U0010772

汽車最新高科技

（全彩修訂版）

搭載馬達的四輪電動車是什麼？
什麼是利用雷達防止追撞的裝置？

高根英幸◎著

黃郁婷◎譯

晨星出版

叢書序

WOW！知的狂潮

　　廿一世紀，網路知識充斥，知識來源十分開放，只要花十秒鐘鍵入關鍵字，就能搜尋到上百條相關網頁或知識。但是，唾手可得的網路知識可靠嗎？我們能信任它嗎？

　　因為無法全然信任網路知識，我們興起探索「真知識」的想法，亟欲出版「專家學者」的研究知識，有別於「眾口鑠金」的口傳知識；出版具「科學根據」的知識，有別於「傳抄轉載」的網路知識。

　　因此，「知的！」系列誕生了。

　　「知的！」系列裡，有專家學者的畢生研究、有讓人驚嘆連連的科學知識、有貼近生活的妙用知識、有嘖嘖稱奇的不可思議。我們以最深入、生動的文筆，搭配圖片，讓科學變得很有趣，很容易親近，讓讀者讀完每一則知識，都會深深發出WOW！的讚嘆聲。

　　究竟「知的！」系列有什麼知識寶庫值得一一收藏呢？

　　【WOW！最精準】：專家學者多年研究的知識，夠精準吧！儘管暢快閱讀，不必擔心讀錯或記錯了。

　　【WOW！最省時】：上百條的網路知識，看到眼花還找不到一條可用的知識。在「知的！」系列裡，做了最有系統的歸納整理，只要閱讀相關主題，就能找到可信可用的知識。

　　【WOW！最完整】：囊括自然類（包含植物、動物、環保、生態）；科學類（宇宙、生物、雜學、天文）；數理類

（數學、化學、物理）；藝術人文（繪畫、文學）等類別，只要是生活遇得到的相關知識，「知的！」系列都找得到。

【WOW！最驚嘆】：世界多奇妙，「知的！」系列給你最驚奇和驚嘆的知識。只要閱讀「知的！」系列，就能「識天知日，發現新知識、新觀念」，還能讓你享受驚呼WOW！的閱讀新樂趣。

知識並非死板僵化的冷硬文字，它應該是活潑有趣的，只要開始讀「知的！」系列，就會知道，原來科學知識也能這麼好玩！

作者序

認識汽車的高科技裝備

　　本書旨在解說搭載於現今汽車的各項高科技裝備。

　　高科技意指相較於以往高級的技術，其定義因領域或想法而異。本書將以廣義的高科技觀點，蒐集汽車工業各領域的先進技術加以解說。一句高科技，其涵蓋種類實爲廣泛。

　　舉例來說，最近的熱門話題──環保車，就是集眾多高科技於一車的代表。在環保車問世前，一般汽車的引擎必須燃燒汽油或柴油才能獲得動力。近來，以電動馬達做爲輔助動力的油電混合動力車急速竄起。此外，單靠馬達驅動的電動車（EV）也登場了。這些電力驅動的汽車動力裝置，就是採用各種高科技的產物。不只是動力裝置，就連驅動汽車必需的各種裝置也必須依靠電力控制。

　　舉例來說，要將燃料輸送至引擎燃燒，就必須掌控燃料的噴射量和點火時間。偵測行進中車輛各種訊息的感應器、接收電訊後作動的馬達等，都是利用電腦控制。

　　另外，諸如提高安全、環保、舒適等性能的裝備，也是由電子零件構成，並加以精確掌控。

　　汽車高科技的發展不只在電子裝置上，在結構方面也愈趨複雜。例如，縮小零件的尺寸亦提升精度，以原有空間實現更加複雜的機械動作，也是高科技的表現。電子控制設備中能動作的部分就一定有機械構造，而複雜的機械又非得利用電子控制不可，所以這兩種高科技的關係是相當密切的。

在材料工學方面，新的金屬材料、化學素材，以及複合素材陸續問世，催生了過去無法實現的構造或製作方法。如果從原子層面來看物質或機構，那麼奈米科技也可視為高科技之一。

現今的汽車配備都很充實。消費者在選車時很少會遇到「看在這配備的份上，就買這部車吧！」或是「什麼都能不要，唯獨這配備不能割捨」的情形。

所以本書不會像型錄那樣具體介紹某某高科技搭載於某某車廠的某某車款，也不會比較各車廠在樣式方面的細微差異。本書內容將聚焦在高科技裝置的作用，以及哪種裝置會運用到高科技。

汽車型錄或雜誌的規格表或裝備表裡，總有些讓人看得一頭霧水的高科技或裝備。而本書出版的用意就是要解說那些高科技裝備，好讓大家能多了解一些。

礙於篇幅，在此僅能就現行車款的高科技加以解說。倘若讀者對其中某項高科技裝置或裝備特別感興趣，希望各位能自己去搜尋該領域的專業解說，做更進一步的了解。

希望各位能因本書更加了解汽車，獲得更安全、更舒適的行車經驗，並體驗行車魅力。

CONTENTS

2009.02.05

第6章 為舒適性而誕生的高科技

第7章 高級車搭載的高科技

第1章

以環保為導向的高科技

為顧及溫室效應與原油價格飆漲等問題，
以汽油或柴油以外的能源為燃料的汽車已經開始普及。
本章將解說各種致力減低對地球環境造成負擔的環保科技。

照片提供：戴姆勒
2009年Mercedes-Benz發表的概念車款「燃料電池敞篷
車（F-cell Roadster）」，外型復古，令人懷想起戴
姆勒一號。燃料電池的輸出功率有1.2千瓦，儘管最高
時速僅有25公里，車速緩慢，卻擁有長達350公里的傲
人續航力。

多元的油電混合動力系統

——可概略分成三大類

1.01

「**電動車**」堪稱最環保的車種，可惜電池性能受限、續航距離短等問題有待克服。而現階段能彌補電動車的弱點，較汽油車環保又能實現節省燃料費的理想車種，非「**油電混合動力車**」莫屬。

油電混合動力車一詞源自英文Hybrid Car。Hybrid為混合之意。之所以用此命名，是因為它的動力來自數個動力系統。其實，油電複合式引擎系統是很早就發展出來的系統。那時，汽油引擎的效率還沒有現在這麼好，所以油電混合動力車曾在那樣的背景下普及一時。可惜，在引擎性能、續航距離等各方面，油電複合式引擎仍存有若干問題無法克服，因而逐漸在車市中消聲匿跡。

那麼，油電混合動力車為何能在現代車市中重生呢？主要理由有三：

第一、電池和馬達控制系統的性能已經大幅提升，因此可以製造出高能源效率的油電混合動力車。

第二、汽油引擎的性能已經發展到了極限。汽油引擎不斷改良至今，不論是在節能技術，或是在降低空氣污染的技術方面都已面臨瓶頸，很難再有重大突破。

第三、人類可依賴石油的程度已經面臨極限。減緩地球暖化的呼聲四起，節省石化燃料已成趨勢，原油價格不斷飆漲，一再迫使人類減低對於石油的依賴。

油電混合動力系統主要分為三種：「**串聯式混合動力系統**」、「**並聯式混合動力系統**」與「**串並聯式混合動力系統**」。

三種油電混合動力系統

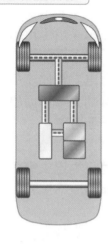

串聯式混合動力系統

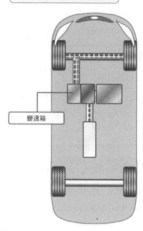

並聯式混合動力系統

變速箱

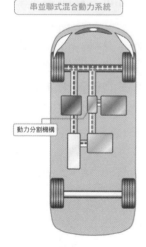

串並聯式混合動力系統

動力分割機構

	馬達		發電機

- - - - - - - 源自馬達的動力與電流

	引擎		電池

- - - - - - - 源自引擎的動力

油電混合動力系統主要分為三種，即「串聯式混合動力系統」、「並聯式混合動力系統」和「串並聯式混合動力系統」。三種形式各有千秋，各車廠在選用上也各有考量。

圖片提供：馬自達

油電混合動力車①串聯式
──利用引擎發電、單憑馬達就能行進

首先為各位介紹「**串聯式混合動力系統**」。這種系統的特色是引擎僅用來帶動發電機運轉以產生電力，而不傳動車輪。引擎產出的電力會貯存於電池中供馬達運轉之用，再由馬達運轉產生驅動力。

和稍後會提到的「串並聯式混合動力車」相比，串並聯式混合動力車是以汽油車為本體的油電混合動力車，而**串聯式混合動力車則是以電動車為本體的油電混合動力車**。

在高度關心環保議題的歐洲，巴士等大眾運輸工具採用串聯式油電混合動力車已有很長的歷史，而日本過去幾乎沒有大眾運輸採用油電混合系統。不過，在環保潮流下，日本街頭已可見到串聯式油電混合巴士。

串聯式油電混合動力車的優點，是單憑高效能馬達就能產生動力。由於不需要藉由發電用的引擎產生動力，且引擎和馬達之間有電池，**引擎的輸出功率不必應付馬達的消耗所需，只要能供小發電機運轉的程度就很夠用了**。

然而，串聯式油電混合動力車也有缺點。串聯式油電混合動力車需要大型馬達產生驅動力量，造成行駛性能受制於電池的性能。所以在電力需求大，必須轉動大馬達的情況下，為了驅動發電機，就得搭載大引擎和多顆電池。不過，只要電池性能提升，這項缺點應該就能獲得改善。

鈴木（Suzuki）Swift充電式油電混合動力版

2009年東京車展試做車

左圖為以電動車為主體，追加發電用引擎的鈴木Swift串聯式油電混合動力版。只要接上家用電源，或在商業充電站充飽電力，單憑電池就可行駛20公里。

發電用引擎　　控制元件

引擎室

引擎室搭載發電用的660c.c.排氣量引擎、發電機（左）以及控制電力等用途的元件（右）。強力的馬達負擔汽車行進，引擎則為專門用來發電。

車內與電池部分

高能源密度的鋰離子電池垂直收納於中央通道（Center Tunnel），為油電混合動力車實現不需犧牲車內空間的理想。

照片提供：鈴木汽車

油電混合動力車②並聯式
──結合引擎與馬達之力全力加速

1.03

本節接著要解說「並聯式油電混合動力系統」。並聯式油電混合動力系統，**是結合引擎與馬達的力量讓汽車行進的動力系統**。並聯式的優點是引擎和馬達兩者皆可傳動輪胎。因此，在加速等動力需求較大時，就可以結合引擎和馬達的力量提升加速性能，而非單憑引擎的力量。這種系統，使汽車得以搭載排氣量較一般汽油引擎小的引擎，在降低油耗、節省油料費用方面成效優異。

另外，由於**使用小容量電池就很足夠**，因此能減輕車體重量，更容易達成降低油耗的目的。再加上並聯式油電混合動力車與汽油引擎車的**車體共用性高**，有助於降低汽車造價。在電力不足或減速時，馬達可充當發電機為電池充電。不過，雖然並聯式油電混合動力車宣稱可結合馬達之力，但馬達充其量也只是扮演輔助角色。難以單憑馬達之力行駛是並聯式油電混合動力車的缺點。

採用並聯式的油電混合動力車的代表車款有：本田（Honda）的Insight、喜美（Civic）油電混合動力車版，以及賓士（Benz）的S-Class油電混合動力版。基本上，本田和賓士所生產的油電混合動力車，都是在汽油引擎和變速箱之間安置薄型馬達而成的並聯式油電混合動力車。

由於並聯式油電混合動力車構造較單純，可以有效率地提升油耗性能，兼具低廢氣污染與高經濟性優點，因此有可能在未來成為普及車種。

本田「Insight」的動力系統

這是在原有引擎與變速箱之間置入薄型馬達，使馬達與引擎直接連接，讓原有引擎最佳化，並且採用「全汽缸休止系統」改良而成的油電混合動力版。

照片提供：本田技研工業

本田「Insight」的油電混合動力系統配置圖

引擎與馬達配置於車頭部位，控制系統「智慧動力模組」（IPU；Intelligent Power Unit）和電池配置於車尾部位。利用引擎和馬達驅動前輪。馬達在減速時發電，也可配合電池的蓄電量發電。系統設計簡潔有力。

圖片提供：本田技研工業

賓士「S-Class油電混合動力車」的油電混合動力系統

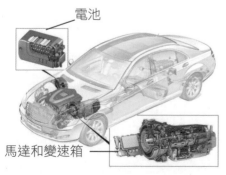

電池

馬達和變速箱

S-Class油電混合動力車也是採用結合引擎和馬達之力的垂直式油電混合動力系統。變速箱前方配置有薄型馬達，專職驅動與發電。電池是採用高性能的鋰離子電池，原有電池空間（車頭部位）就足以收納。

圖片提供：戴姆勒

油電混合動力車③串並聯式
——擷取串聯式與並聯式的優點

1.04

　　油電混合車的低油耗優點在塞車時特別明顯。因為油電混合動力車能讓引擎暫時停止空轉，只藉由馬達的動力緩慢行進。可是，由引擎主導的並聯式油電混合動力系統，雖然有辦法讓引擎暫時停止空轉，卻不擅長單憑馬達動力前進。這是因為馬達是輔助動力，不但沒有多餘的動力，就連電池也沒有多餘的容量，而引擎一旦中止運轉，馬達反而會形成阻力。在這種情況下，接近電動車的串聯式油電混合動力車的效率會比較好。

　　有鑑於此，近代油電混合動力車的先驅——豐田（Toyota）「Prius」即採用「**串並聯式油電混合動力系統**」，視情況切換成由馬達主導的串聯式混合動力系統，或由引擎主導的並聯式串聯式混合動力系統。串並聯式油電混合動力系統是由引擎驅動車輪、發電，而且**在電池電量十分充足的情況下，也可以只靠馬達應付低速行進**。此外，還可趁停車時讓引擎空轉為電池充電。當然，需要強大加速力量時，引擎和馬達就會開始總動員。不過，也正因為如此，系統結構難免變得過於複雜，連帶影響到汽車的造價與重量，是比較不利的部分。

　　在探尋如何能比汽油引擎車更確實節省油耗後，豐田的工程師最後決定採用串並聯式油電混合動力系統。雖然在系統構造與控制方面因此變得複雜，但卻成就了一部缺點少的高人氣油電混合動力車。

串並聯式油電混合動力系統的構造

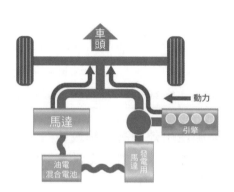

豐田「Prius」的引擎除了驅動車輪，還有能以較少的段數，獲得大減速比的行星齒輪驅動發電機，藉由控制齒輪部，結合驅動用馬達和引擎的力量。也可以反過來，只利用馬達行進。此外，停車時也可以利用引擎低速空轉讓發電機運轉，為電池充電。

Prius的「Strong Hybrid」

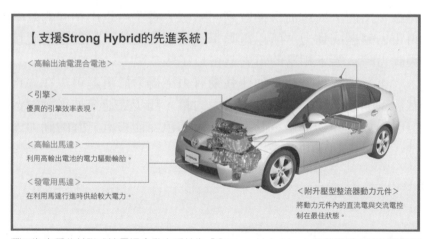

【支援Strong Hybrid的先進系統】

＜高輸出油電混合電池＞

＜引擎＞
優異的引擎效率表現。

＜高輸出馬達＞
利用高輸出電池的電力驅動輪胎。

＜發電用馬達＞
在利用馬達行進時供給較大電力。

＜附升壓型整流器動力元件＞
將動力元件內的直流電與交流電控制在最佳狀態。

豐田汽車稱此並聯式油電混合動力系統為「Strong Hybrid」。雖然這種系統的構造複雜，需要高度控制，但現行車第三代Prius的工程師已經實現讓油電混合系統大幅降價的理想。

照片、圖片提供：豐田汽車

電動車（EV）
──既舊也新的環保車

1.05

2009年，日本汽車產業開始發售以輕型車為基礎的「**電動車**」（EV：Electric Vehicle），電動車總算成為現實可乘的交通工具。電動車的優點可不僅是「不會排放廢氣的環保車」而已。

電動車的第一項優點是**能源使用效率高**。相較於汽油引擎車只能從汽油所產生的能量中獲得三成動力，電動車能將八成的電池電力轉換成動力。儘管發電或供電過程多少會有損耗產生，但整體來說，能源浪費程度極低。假如利用深夜減價時段充電，其燃料費大約可降到低油耗汽油車的十分之一。假如充電電源來自風力或太陽能發電等較潔淨的能源，就更環保了。

第二項優點是**不需要變速箱**。汽油引擎的引擎轉數關係到動力轉換的效率，所以汽油車需要利用變速箱調整速度和引擎轉數。然而，馬達從零轉數到高轉數，幾乎可以用相同的效率將電力轉換成動力，所以電動車不需要變速箱，只要在需要較大動力時，給予相當的電力就可以了。

第三項優點是**起步加速強勁有力**。得力於馬達可以在停止狀態到開始運轉的瞬間發揮最大力量，起步加速宛如從發射台發射出去般強勁，是電動車的一大特色。而幾近無聲的動力元件，也是電動車的另一優點。

三菱（Mitsubishi）「i-MiEV」

普通充電用插頭

變壓器

快速充電用插頭

車載充電器＆
DC/DC轉換器

馬達＆變速箱

驅動用電池

三菱於2009年發售的「i-MiEV（Mistubishi innovation Electric Vehicle）」電動車
（EV），是利用三菱原有的輕型車「i」的車體，以馬達置換引擎，以鋰離子電池置換
油箱改裝而成。雖然有變速箱，但裡面只有嵌入減速齒輪，沒有變速箱。i-MiEV不僅
動力性能超越輕型車，續航力更高達160公里。隨著高性能電動車上市，充電站也可望
在未來逐漸普及。

照片、圖片提供：三菱汽車

三菱「i-MiEV」的系統

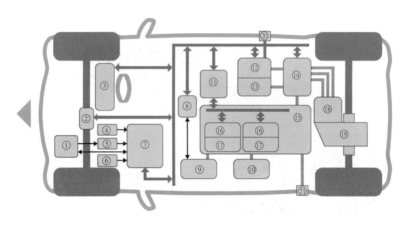

①真空泵　　　　　　　⑨電動壓縮機　　　　　⑰驅動用電池
②電動動力轉向裝置　　⑩暖氣　　　　　　　　⑱馬達
③組合儀表　　　　　　⑪電池控制裝置　　　　⑲減速齒輪
④加速器　　　　　　　⑫車載充電器　　　　　⑳家庭充電用插頭
⑤煞車　　　　　　　　⑬DC/DC轉換器　　　　㉑快速充電用插頭
⑥變速桿　　　　　　　⑭變壓器
⑦電子控制單元　　　　⑮車內控制用網路
⑧空調ECU　　　　　　⑯電池監測單元

i-MiEV擁有相當複雜的系統，以控制充電、行進、煞車回生電力、空調、動力轉向等多項裝置。引擎車的暖氣乃是利用冷卻水生成，而電動車的發熱量低，所以還會再搭載電暖裝置。

圖片提供：三菱汽車

日產（Nissan）的電動車

日產於1947年發售的電動車，為組合直流馬達與鉛酸電池之作。最高時速35公里，續航距離65公里。

照片提供：日產汽車

矢崎總業（Yazaki）的電動車零件

電動車零件廠矢崎總業展示，供給電動車廠的電動車用零件。車底盤上簡單搭載了馬達、變換電力用的變壓器（驅動用與充電用）和電池等電力零件。續航距離和充電時間取決於電池搭載量，而電池搭載量直接影響到販售價格，所以電動車恐怕還無法一口氣取代汽油車的地位。

充電式油電混合動力車
——在家就能充電的劃時代系統

1.06

　　過去的油電混合動力車只能憑藉本身的引擎替電池充電，當電池的蓄電量變少時，不是得藉由本身引擎充電，就是得放棄以電池驅動馬達產生動力的行進方式，改用引擎驅動汽車。

　　假如能利用停車期間在停車場為電池充電，就能增加單純利用馬達行進的機會。利用馬達行進的距離雖然不會就此增加，但卻能達到確保每天單純使用馬達行進的距離這項優點。

　　這就是所謂的「**充電式油電混合系統**」（Plug-in Hybrid System）。Plug-in的意思是「插上插頭」，也就是可以利用外部充電之意。充電式油電混合動力車可以在自家車庫等地方連接家用電源充電，是不需憑藉引擎也能充電的一種油電混合動力車。

　　在住家附近購物等日常外出活動時，開充電式油電混合動力車就**等同開電動車**。假如快速充電站普及，商業設施的停車場也有快速充電站，還能利用購物時間充電呢！這麼一來，就只剩下長距離移動需要利用引擎了吧？

　　豐田的現行車「Prius」甚至發展到只要車主在車頂安裝太陽能發電版，就能利用太陽能發電產生的電力，使充電式油電混合動力車的油耗表現能有更大幅度的提升。

充電式油電混合動力車「Prius」的充電站

Prius利用充電站充電示意圖。購物中心等商業設施計畫設置此種充電站。假如在停車場即可充電，不使用汽油的行車距離將可延長。

照片提供：豐田汽車

充電中的監控畫面

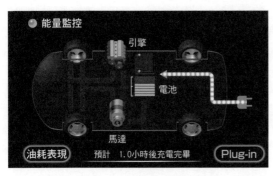

能量監控

引擎

電池

馬達

油耗表現　　預計　1.0小時後充電完畢　　Plug-in

汽車在充電中處於完全停止狀態，並不需要觀看監控畫面。但為了確認充電狀態，應該會設計左圖般的外部顯示模式。

圖片提供：豐田汽車

居家充電示意圖

充電式油電混合動力車的充電應該會在自宅等停車地點在夜間充電。利用深夜電價優惠時段充電，將電力維持在應付通勤或購物即可的程度，可以大幅壓低汽油支出，油耗表現據說約是現行油電混合動力車的兩倍。

照片提供：豐田汽車

23

燃料電池車
——不需充電的電動車

「**燃料電池車**」屬於電動車（EV）的一種，藉由氫、氧發生化學反應產生電力。說起來，燃料電池的發明比汽油引擎還早。早在1960年代，汽車廠等就曾試做燃料電池車，但因為汽油引擎車的效率不斷提升，所以燃料電池車遲遲無法獲得重視。

直到21世紀，燃料電池車以替代性能源車之姿重新獲得注目，才又吸引日本與歐美各大車廠再次投入試做工程。

「**邊發電邊行進**」是燃料電池車和一般電動車最大不同之處。燃料電池不同於一般電池，是包含發電原料（燃料）和發電機械，**藉由燃料補給而持續發電的裝置**。

雖然名為燃料電池車，其實還是有搭載蓄積一定電力，可供一段行車距離使用的電池，並且以該電池的電力做為起步用電。需要較大動力時，則同時使用電池和燃料電池的電力驅動馬達。至於一般行進，有時候是一面管理電池的充電量，一面利用燃料電池的電力；有時候則一邊為電池充電一邊行進。

乍聽之下，燃料電池車好像是零缺點的電動車。然而，該怎麼供應氫氣，以及使用白金等高價稀有金屬的觸媒要如何壓低成本，仍是現下有待克服的兩道課題。

日產的燃料電池系統

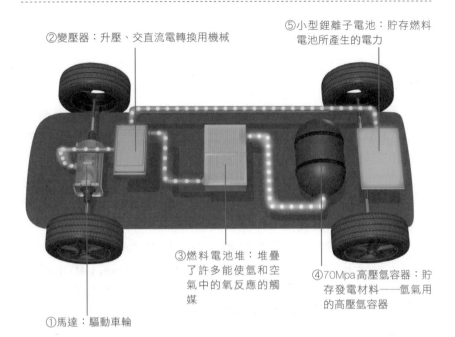

②變壓器：升壓、交直流電轉換用機械

⑤小型鋰離子電池：貯存燃料電池所產生的電力

③燃料電池堆：堆疊了許多能使氫和空氣中的氧反應的觸媒

④70Mpa高壓氫容器：貯存發電材料──氫氣用的高壓氫容器

①馬達：驅動車輪

起步時需要大量的電流，所以直接由電池供給電力，然後再利用發電產生的電力行進。至於在行進中產生的多餘電力，或是在等紅燈時產生的電力，則會回充電池，藉以縮小燃料電池堆的容量。

照片提供：日產汽車

燃料電池車引擎室內部構造

引擎室搭載了電流生產裝置──燃料電池堆，還有用來冷卻變壓器發出熱能的降溫裝置。如照片所示，利用舊有汽油車體改裝而成的燃料電池車，其發電所需的裝置大半都收納在引擎室中。

照片提供：日產汽車

氫燃料轉子引擎混合動力車

1.08

—氫燃料轉子引擎與複合動力技術合體之作

　　唯一達成「轉子引擎」實用化的馬自達（Mazda），進一步研發，讓轉子引擎進化成能以「氫氣」驅動。

　　這種引擎稱爲「**氫燃料轉子引擎**」。馬自達的氫燃料轉子引擎「RX-8 Hydrogen RE」在2006年2月首次亮相。由於引擎燃燒後只排出水，環保性能相當優越。

　　此款氫燃料轉子引擎採用「**雙燃料系統**」，氫氣、汽油皆可做爲燃料以簡單構造輕鬆應付多種燃料，將轉子引擎的獨門特色發揮至淋漓盡致。

　　2008年，馬自達將氫燃料轉子引擎與混合動力系統融合成一體，開發出氫燃料轉子引擎混合動力車「**Premacy Hydrogen RE Hybrid**」，以氫燃料轉子引擎做爲發電機發電驅動馬達，屬於前述的**串聯式混合動力系統**。

　　Premacy的氫燃料轉子引擎扮演發電機角色，可依一定轉數運轉，因而能大幅降低燃料消耗率；混合動力系統則能大幅提升氫燃料轉子引擎的效率。

　　要採用氫燃料的話，必須解決氫的製造成本及氫氣填充設備等問題。但氫若能成爲具有實用價值的燃料，氫燃料轉子引擎肯定能以未來引擎之姿重登舞台，再度擄獲眾人的目光。

馬自達RX-8 Hydrogen RE Hybrid

世界首部氫燃料汽車。2006年起以租賃方式開始進入市場。它不僅以氫氣為燃料,也能以汽油為燃料,是雙燃料車,就算附近沒有氫氣站也能行駛。雖然以氫燃料行駛會降低最大輸出與續航力表現,但所排放的廢氣乾淨且不含二氧化碳。

照片提供:馬自達

氫燃料轉子引擎

轉子引擎的構造簡單,其氣室內有轉子迴轉,汽油混合氣的進氣與燃燒分別於不同場所執行,因此非常適合以易燃的氫做為燃料。轉子引擎同時具備汽油噴油嘴和氫氣噴射裝置,所以和原本的轉子引擎一樣,也可以汽油做為燃料。

照片提供:馬自達

氫氣站

馬自達於日本廣島開設的氫氣站。氫燃料車也需要像加油站那樣的氫氣補給站。雖然目前氫氣尚有貯存困難、保存期限短等課題尚須克服,但就潔淨能源層面而言,氫氣仍是令人期待的能源。

照片提供:馬自達

Premacy Hydrogen RE Hybrid

馬自達獨家打造,由「RX-8 Hydrogen RE」培育而來,集合氫燃料轉子引擎技術與複合動力技術之大成的氫燃料轉子引擎混合動力車。

照片提供:馬自達

引擎室

氫燃料轉子引擎僅供驅動發電機之用，行駛所需力量乃由馬達提供。此設計能避開馬力太弱，以及因引擎轉數上下浮動所造成的負荷變化，並提升氫燃料的利用效率。

照片提供：馬自達

行李箱

氫氣箱位於行李箱中。承載能力雖然不高，但至少具有可乘坐五人與裝載行李的承載能力。Premacy Hydrogen RE Hybrid 單憑氫燃料的續航力為200公里，大約是 RX-8 Hydrogen RE 的兩倍。

照片提供：馬自達

無貴金屬液體燃料電池

1.09 ——克服舊有燃料電池缺點的新式燃料電池

　　大發工業（Daihatsu）開發了一款名為「**無貴金屬液體燃料電池**」（PMfLFC*）的燃料電池系統，號稱能解決舊有燃料電池車的缺點。顧名思義，「不使用貴金屬」且「使用液體燃料」，是這款燃料電池的兩大特色。

　　首先針對無貴金屬（不使用貴金屬）這一點加以說明。以往，燃料電池都是利用在酸性環境中發生化學反應的方式發電，因此必須以高度抗腐蝕的稀有貴金屬「白金」做為電極中觸媒的材料。而無貴金屬液體燃料電池的發電原理正好相反，它是利用在鹼性環境中發生化學變化的方式發電，因此礦藏量豐富的「鈷」或「鎳」就可做為觸媒材料，**有效降低觸媒的製作成本**。

　　接著針對液體燃料電池這一點進行說明。以往，燃料電池利用氧和氣態氫發生反應的方式發電。問題在於就燃料的供給面而言，「氫氣供給站」的設置不若「加油站」那樣簡單。因為要維持彷彿嵌入金屬般微小的氫原子安定性，還要滿足超高壓或超低溫的貯存條件實在不容易。

　　無貴金屬液體燃料電池使用的是稱為「水合聯胺」（N2H4・H2O）的液體燃料。**由於是液體狀態，處理方式簡單**，且不受熱就不易燃，揮發性也低，因此較汽油安全。此液體燃料是由氫、氮、水等組成極接近阿摩尼亞的合成燃料，除了能從空氣擷取外，還兼具不會釋放二氧化碳的優點。此外，此液體燃料電池可讓燃料直接以液體形態和氧或水蒸氣產生反應，所以能有較高的電效率。

* PMfLFC：Precious Metal free Liquid feed Fuel Cell

無貴金屬液體燃料電池車底盤模型

大發於2009年東京車展所展出，搭載無貴金屬液體燃料電池車的底盤模型。除了燃料箱、驅動馬達、發電用燃料電池堆以外，底盤上還搭載液氣體分離裝置、水分分離裝置和加濕器等裝置。

2009年東京車展中，配備無貴金屬液體燃料電池的微型車，正在挑戰連續行駛。無貴金屬液體燃料電池車目前還處於模型行駛測試階段，但其理論已確立無疑，何時能進行實車製作只是時間早晚的問題。相較於「高壓氫氣槽」，無貴金屬液體燃料電池車或許是更貼近現實的燃料電池車。

可變身電力供給裝置的環保車

——汽車也能為家庭提供電力

1.10

　　油電混合動力車或電動車（EV）搭載的電池數量比以往的汽油車更多。而在家時利用深夜減價時段的家庭用電充電，外出期間則利用商業設施設置的充電站充電，將成為油電混合動力車或電動車的能源補給趨勢。除此之外，車廠也針對汽車電池提出新的利用方案。

　　三菱在2009年的東京車展中，展示一款油電混合概念車「PX-MiEV」＊。PX-MiEV兼具串、並聯二式油電混合系統，不論在中低速行駛或是在四輪驅動狀態下，都能以電動車模式行駛，是一款什麼都具備的汽車。

　　在充電連接埠部分，PX-MiEV在快速充電插頭和家用電充電插頭間搭載了和家用電源同為100伏特的交流電插座。這是讓PX-MiEV可以用驅動用電池為家庭提供100伏特交流電的供電設計。

　　如果能夠由油電混合動力車或電動車(EV)供給家庭電力，除了能將深夜電力做為晨間家庭用電力外，在災害發生時的緊急用電上也能發揮功效。如果擁有充電式油電混合動力車，便足以提供一般家庭一晚的電力使用量。而且當電池的充電量不足時，只要發動引擎，便能夠充電以及繼續供電。

　　現行的汽油車也能利用發電機和變壓器供應100伏特的交流電。若充電式油電混合動力車或電動車（EV）能夠普及，那麼車主將可多出一組便利且安定的緊急電源。

譯註：PX 中之 P 意指 Plug-in Hybrid，X意指 Crossover（跨界休旅車），PX即 Plug-in Hybrid Crossover，意指「插電式油電混合跨界休旅車」。

三菱的油電混合概念車「PX-MiEV」

照片提供：三菱汽車

集結市街乘坐舒適、險惡路況照走不誤、廢氣潔淨、節能環保等四大優點於一身。搭載1.6升的汽油直噴式引擎，配備前後驅動馬達。

PX-MiEV的電力連接埠

照片提供：三菱汽車

左側配備快充插頭，可於商業設施等所設置的快速充電站充電時使用；右側配備一般家庭電源充電用插頭。左右插頭之間並配備一插座，此插座和家用插座一樣，可提供電力給家電使用。此設計利用高機能化IT電力網，以收高效率能源利用之效，並根據「智慧電網」（Smart Grid）的構想，提供車主有效利用電力的方法。

1.11 ECU（引擎控制單元）
——引擎總監

　　引擎控制單元（Engine Control Unit；ECU）是主宰引擎的「大腦」。由ECU所控制的重要裝置有「**噴油器**」等。

　　噴油器是配合引擎的進氣量，將燃料噴射到引擎的裝置。引擎控制單元會指揮引擎噴出符合狀態所需之燃料量，使動力輸出維持在最合適該行駛的狀態，以達到節省燃料消耗、減少廢氣排放之目的。

　　ECU一開始的任務是視油門踩踏量、引擎迴轉數、引擎冷卻水溫度、進氣量等條件，決定燃料的噴射量。後來，ECU發展到也能調整火星塞點火正時，就儼然成為控制整體引擎的「引擎總監」。

　　現在，ECU的管控範圍更廣，不只引擎，就連自動變速箱、空調、發電機等輔助類裝置，甚至是懸吊等和行駛性能有關的零件，也都隸屬於ECU的管控範圍。因此，ECU原為引擎控制單元的英文縮寫，近來已被當作「**Electronic Control Unit**」，也就是「電子控制單元」的英文縮寫。

　　順道一提，在噴油器登場前，是由化油器將混合氣（汽油等燃料和空氣依一定比例混合而成的氣體）導入引擎的汽缸。直到1970年代，由於汽車廢氣成為主要空氣污染源之一，加上為了讓淨化廢氣的觸媒能夠充分作用，化油器已逐漸從引擎的零件清單中消失。

引擎控制單元構造圖

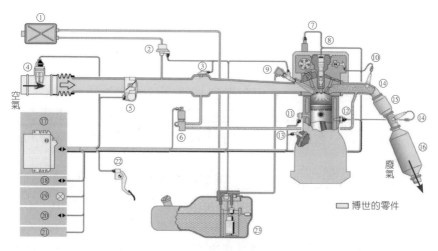

① 汽化燃料吸收裝置　⑩ 相位感測器　　　⑲ 引擎警示燈
② 汽化燃料開放閥　　⑪ 爆震感測器　　　⑳ 自我診斷連接器
③ 吸氣濕度感應器　　⑫ 水溫感測器　　　㉑ 防盜裝置
④ 空氣流量計測器　　⑬ 速度感測器　　　㉒ 油門踏板
⑤ 節流感應器　　　　⑭ 氧氣感測器　　　㉓ 燃料泵
⑥ 廢氣再循環控制閥　⑮ 前階段觸媒
⑦ 凸輪角感測器　　　⑯ 主觸媒
⑧ 點火線圈／火星塞　⑰ 電子控制單元
⑨ 噴油器　　　　　　⑱ 汽車電子控制網路

ECU會視空氣量、節流閥的開啟狀況，以及引擎轉數等情況決定燃料的噴射量。噴射燃料的時機由曲軸角感測器、凸輪角感測器等感測器控制。燃料的增減由水溫感測器、爆震感測器等調整。火星塞的點火正時由曲軸角感測器、凸輪角感測器和爆震感測器等決定。氧氣感測器則是依廢氣中的氧氣殘留量推測燃料的濃度，當燃料發生過濃或過稀的情形，就會立即增減燃料量。

圖片提供：博世（Bosch）

1.12 協調控制
——數台ECU連動操作各部位

　　各位知道汽車也會應用電腦科技嗎？又知道汽車應用電腦科技到什麼程度嗎？在引擎應用電子控制系統之初，汽車搭載的電腦就只有一台ECU，而那時ECU的性能也僅相當於當時的遊戲機而已。

　　直到ECU的控制能力終於不再侷限於燃料的噴射，而擴展到點火正時的控制後，愈來愈多的車體零件，諸如自動變速箱、防鎖死煞車系統、自動空調、可變阻尼、汽車衛星等零件也都列入ECU的控制管轄範圍。現今汽車配備的電子控制單元又多又複雜，有些最新研發問世的高級車，所配備的ECU更是高達五十台以上。

　　每台ECU會各自接收轄下各感測器或開關所發出的訊息，在判讀訊息後運作。而且還是一邊與其他ECU連結，一邊運作。配備這麼多台ECU的目的，當然不是要每台ECU各自傳遞訊息後各自運作這麼單純。而是**要數台ECU互相連結，以達成共同目的**。

　　舉例來說，引擎和自動變速箱各有所屬的控制器，但是在自動變速箱變速、上齒輪時，即使駕駛繼續踩油門，也會略為關閉油門，縮擠燃料，這樣可以讓齒輪銜接更流暢，行進更加順暢。

　　兩台以上ECU以如此方式互相連結運作即稱為「**協調控制**」。隨著汽車朝高度電控化方向發展，協調控制也有高水準的發展。

　　例如某些家用車所提供的「環保行駛模式」，就是為了提高經濟性而衍生的協調控制。當汽車的行駛模式設定為環保模式時，空調、引擎以及自動變速箱就會以節省燃料的方式運作。

ECU的連動情形

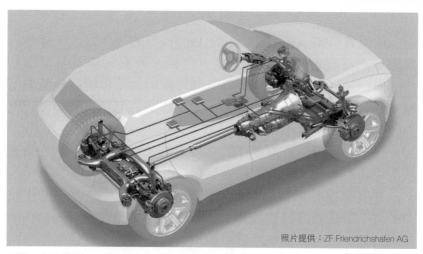

照片提供：ZF Friendrichshafen AG

引擎、自動變速箱、煞車以及懸吊系統中的避震器等，和行車有關的電子控制零件在各自所屬ECU的相互連結下，一同為汽車創造穩定且流暢的行車表現。這樣的整合控制，讓汽車得以憑藉一顆控制開關，就能帶給車主完全不同的乘車感受。目前已有某些車款可依照現實情況，將行車模式切換為家用車（family car）模式或運動轎車（sport sedan）模式，而這些全拜協調控制所賜。

集中控制

BMW採用的ICM（Integrated Chassis Management），就是設置ECU以集中管控和行車性能相關的零件，讓各個電子控制零件容易依照各種行車狀態被區分使用。控制系統整合以後，為不同車種變換配備這項工作變得簡單許多，也一併打消了過去因改款等式樣改變而衍生出來的繁瑣工作。

照片提供：BMW

可變進氣歧管
——恆常發揮最佳進氣表現

往復式引擎（Reciprocating Engine）的運作方式，雖然只是讓活塞反覆進氣、壓縮、點火燃燒、膨脹、排氣這幾個動作，但它主要是一款藉由提高進氣行程的效率以提高性能的引擎。倘若引擎的進氣行程效率不彰，那麼再怎樣提升排氣行程的效率，恐怕也收不到效果。

在進氣行程中擔綱重任的零件首推「進氣歧管」。它負責將空氣濾心所吸入的空氣輸送到汽缸的管子。

當引擎處於低轉數域時，進氣歧管愈細長愈容易產生扭力。當引擎處於高轉數域時，由於混合氣必須在短時間之內填充到汽缸中，所以進氣歧管愈粗短，其輸送效率愈佳。

為了讓引擎在任何轉數域都能有較佳的性能表現，有些引擎採用了長度伸縮可變的「可變進氣歧管」。

最初，可變進氣歧管系統，是在Ｖ型引擎的Ｖ型汽缸排之間設置螺旋狀進氣歧管，以切換通路的方式，**改變進氣歧管的實質長度**。不過現在可變進氣歧管不只應用於Ｖ型引擎中，多數汽車廠的直列式引擎也是採用可變進氣歧管。

為了改善進氣效率，汽車廠的做法不單是改變進氣歧管的長度而已。當引擎進入低轉數域時，兩道進氣閥中的其中之一暫停運作，或是單側進氣道關閉等，即是進一步改善進氣效率的做法。

豐田的「翼片式可變進氣歧管系統」

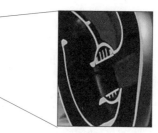

照片提供：豐田汽車

豐田最新開發的「3ZR-FE型」引擎，導入了「連續可變閥門提升結構Valvematic」等最新的進排氣控制技術。但為了兼顧引擎在中低轉數域的扭力表現，以及在高轉數域的馬力表現，還是得借重可變式進氣歧管系統。在左圖中，面前這端的黑色螺旋狀零件，正是將空氣導入引擎的進氣歧管。當引擎進入低轉數域時，空氣是從中心向外渦旋流出；當引擎進入高轉數域時，則開啟中心位置的翼片，以縮短進氣歧管的實質長度。

本田的「蝶閥式」可變進氣歧管系統

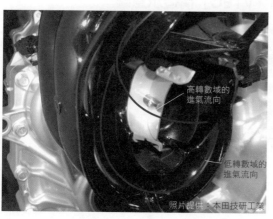

高轉數域的
進氣流向

低轉數域的
進氣流向

照片提供：本田技研工業

本田Step Wagon所搭載的2L、i-VTEC的直列四汽缸，採用精心打造、各汽缸獨立的蝶式可變進氣歧管系統。其構造和控制引擎迴轉的節流閥非常接近。比起翼片式可變進氣歧管系統，蝶閥式可變進氣歧管系統的動作更加確實，是容易獲得所預期過渡特性的構造。

可變氣門正時系統
──提升引擎全轉數域效率

1.14

　　傳統的實用車引擎屬於低轉數型引擎，當引擎轉數在每分鐘一千到四千轉的低轉數域範圍時，可以有最佳的效率表現。對於低轉數型的引擎，就算勉強運轉到高轉數域，其加速能力也會變差。

　　至於跑車等所搭載的高轉數型引擎，它的設計是當轉數來到每分鐘七、八千轉左右的高轉數域時，可以有良好的燃料燃燒效率，以實現高輸出能力。但相對的，當如此設計的高轉數引擎，其轉數每分鐘只有三千轉左右時，就會變得欲振乏力。所以說，當跑車開在必須走走停停的市區街道時，就會行駛得很不順暢。不同類型的汽車在動力輸出表現方面之所以會有這樣的落差，是因為引擎中處理進、排氣的「氣門」開啓程度是維持一定的。

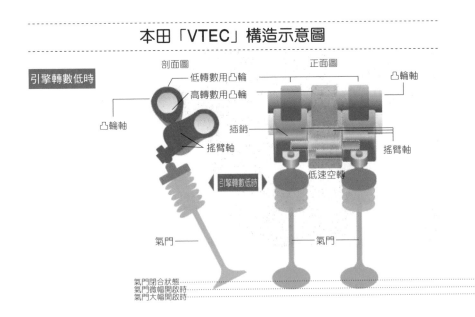

本田「VTEC」構造示意圖

　　而解決這項問題，讓引擎得以在更廣的轉數域中發揮高效率表現的，正是「**可變氣門正時系統**」。在這套系統結構下，當引擎處於低轉數域時，氣門會依照一般正時開閉；當引擎處於高轉數域時，氣門則會延遲開閉正時，讓引擎利用進氣流提高填充效率。

　　像本田的「VTEC」以及保時捷（Porsche）的「可變氣門正時系統」是切換凸輪本身的類型，也就是改變氣門的開閉時間。而三菱的「MIVEC」，則是藉由拖曳凸輪軸鏈輪的方式，變化氣門開閉正時。此系統的特色是氣門開閉時間本身沒有變化，卻能藉由氣門開閉正時的和緩變化，收到順暢的動力輸出效果，所以此系統能受到廣泛的應用。另外，就連在節省燃料方面表現優異的米勒氏循環引擎（Miller-cycle Engine），也利用可變氣門系統，在引擎處於低負荷時延遲關閉氣門，以獲得減低進氣量的效果。

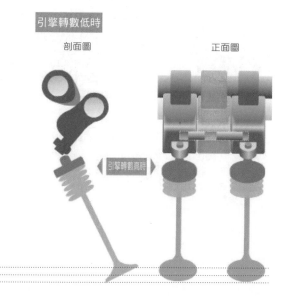

引擎轉數低時

剖面圖　　　　　正面圖

引擎轉數高時

本田的可變氣門正時系統「VTEC」乃是藉由移動搖臂軸中的插銷位置，切換低轉數用凸軸和高轉數用凸輪；並藉由改變氣門開啟時間和氣門揚程量，兼顧低引擎轉數時的操縱性能，與跑車般高引擎轉數下的高動力輸出表現。

參考：本田技術工業HP

三菱的「MIVEC」

進排氣連續可變氣門正時（MIVEC）

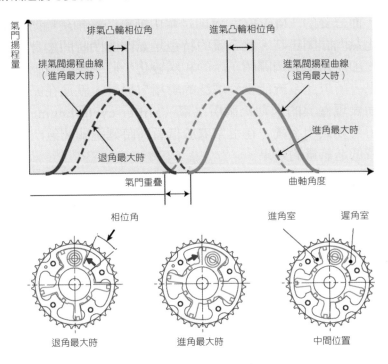

多數汽車廠習慣將用來轉動凸輪軸的鏈輪齒設計為雙層結構，並藉油壓調整其位置，改變氣門開閉正時，三菱的「MIVEC」（Mitsubishi Innnovative Vavle timing Electronic Control system）即為一例。該正時系統將傳統的高低速「切換式」進化為連續變化的「無段式」。由於進氣端與排氣端的氣門正時是獨立且連續變化的，因此享有極佳的燃油效率，能兼顧馬力表現與節能效果。

圖片提供：三菱汽車

AMG的可變氣門正時系統

照片提供：戴姆勒

賓士旗下的高性能車系「AMG」的引擎，採用可變氣門正時系統。構造上與三菱MIVEC相同。以凸輪鏈輪齒（透明蓋所覆蓋部分）做為可變氣門正時系統的主要零件。有了這套系統，當排氣量達6,200cc以上時，可以有501匹馬力的表現。不僅如此，其低速扭力也十分充足，因此乘坐起來相當舒適。這套系統既達成了嚴格的排氣規格，又發揮了良好的油耗表現。

「Lexus IS F」引擎的可變氣門正時系統

照片提供：豐田汽車

Lexus IS F的V8引擎採用進氣端與排氣端皆可變氣門正時系統「Dual VVT-i」。進氣端拜無段式可變電動連續型「VVT-iE」系統之賜，其可變控制更細膩也更廣泛。其可變系統由凸輪鏈輪齒相位執行，屬於一般類型。豐田「Prius」和Lexus（凌志）「HS250h」等車款搭載的阿特金森循環引擎（Atkinson-cycle Engine），基本上也是應用這種可變氣門正時系統。

可變氣門揚程系統
——減低引擎泵損失的工夫

1.15

　　自然進氣的引擎，是利用活塞下降所產生的負壓吸進混合氣。混合氣是在燃燒室內的進氣門開啓間隙的瞬間被吸進去的，所以進氣門本身也會成爲進氣的阻力，造成進氣損失。由於進氣損失相當於泵浦吸入空氣時的損失，因此稱爲「**引擎泵損失**」（pumping loss）。引擎泵損失不僅發生在進氣門，所有和進排氣相關的部分都會發生損失，其中以位於燃燒室入口處的進氣門損失情形最爲嚴重。

　　要減低進氣門阻力，可以採用擴大氣門的直徑或開啓幅度（氣門揚程）等加寬混合氣通道的方式。氣門揚程愈大，進氣阻力愈小，引擎泵損失也愈小。所以，降低引擎泵損失，就能提升動力輸出與油耗表現。相反地，在低引擎轉數或低引擎負荷等流量較低時，空氣流速會減緩，連帶影響動力輸出和油耗表現變差。

　　爲了改善上述情形，汽車廠於是開發出能夠視引擎轉數和引擎負荷改變進氣門揚程（valve lift）的「**可變氣門揚程系統**」。改變進氣門揚程的機械系統，因各車廠的設計不同而有多種形式。但無論形式上有何不同，其目的都一樣，就是要提升動力輸出與油耗表現。事實上，影響從進氣門吸入的混合氣量的因素，包含氣門的揚程和「**作用角**」（驅動氣門的凸輪的範圍）。因此，在實際應用上，可變氣門揚程系統與上節所述「**可變氣門正時系統**」是互相搭配組合的。

日產的可變氣門揚程「VVEL」

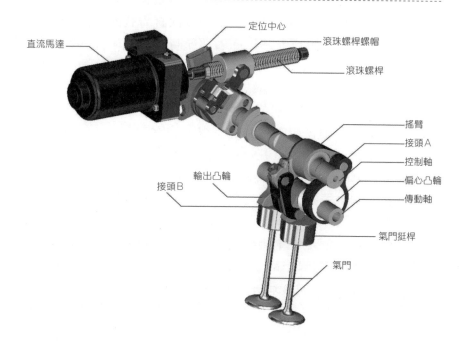

直流馬達

定位中心

滾珠螺桿螺帽

滾珠螺桿

搖臂

接頭A

控制軸

偏心凸輪

傳動軸

輸出凸輪

接頭B

氣門挺桿

氣門

日產開發的「氣門作動角與揚程量連續可變系統」，簡稱為VVEL（Variable Valve Event & Lift）。它的控制軸會隨直流馬達的運轉而改變角度，且藉由讓偏心凸輪的迴轉方式，改變輸出凸輪的高度。如此一來，就能夠發揮連續改變氣門揚程的效果。而相當於一般引擎的凸輪軸部分是偏心凸輪，而輸出凸輪也可說是改變揚程的搖臂軸。

圖片提供：日產汽車

可變汽缸系統
——低負荷時關閉引擎

汽車在起步和加速時需要強大的動力，但是在定速巡航這類低負荷行駛的情況下，因爲「慣性作用」所以不需要那麼強大的動力。

因此，汽車業界便有一種想法，當汽車在低負荷情況時，讓引擎內所有汽缸都不燃油，也就是**以休缸方式節省油耗**。

例如美國通用汽車就爲了節省巡航時的油耗，從1990年代開始，便採用一套可以暫停對V8引擎單側汽缸排噴油，並暫停氣門運轉的系統。這套系統可以讓汽車在巡航時的引擎排氣量降低至一半。這套系統陸續被導入運動休旅車（Sport Utility Vehicle；SUV）中，對節省油耗有很大的貢獻。

至於本田，則是在「Inspire」的V6引擎中導入「**可變汽缸系統**」（Variable Cylinder Management；VCM），以更複雜的控制機制，達到節省油耗與行車舒適性的雙贏效果。

本田此V型引擎所導入的可變汽缸系統能使各汽缸排內的一個汽缸休缸，或是使單側汽缸排休缸，視負荷情形切換作動汽缸的數量，選擇讓6汽缸全作動（無汽缸休缸）、僅4汽缸作動（2汽缸休缸）或僅3汽缸作動（3汽缸休缸）。

讓汽缸休缸的好處，不僅僅是節省該汽缸可能產生的油耗。在引擎動力輸出集中的狀態下，即使汽車定速行駛，也可大幅開啓節流閥，以**降低進氣損失**。此外，更可降低休缸汽缸的氣門系統的驅動損失。

本田「Inspire」的可變汽缸系統

6汽缸全數燃燒時

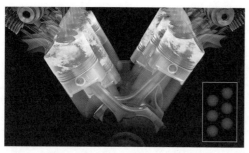

在起步、超車等需要強大加速動力時，6汽缸全部作動燃燒混合氣，以產生強大扭力，因應強力加速時的需求。縮短快速加速的加速時間，對降低油耗也有實質性的幫助。當需要引擎煞車，也就是需要利用引擎產生強大阻力時，6汽缸全部驅動，以提高汽車的穩定性，同時減輕煞車的負擔。

僅3汽缸燃燒時

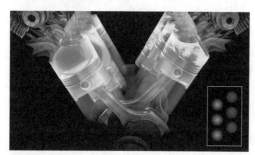

在高速公路等平坦路面定速巡航時，可令前汽缸排單獨作動。讓驅動氣門的搖臂軸抽離、切掉燃料供應便可完成切換汽缸的動作。此舉不僅能節省一半的排氣量，且由於節氣閥是在大大開啟的狀態，還可減少引擎泵損失，提高燃油效率。

僅4汽缸燃燒時

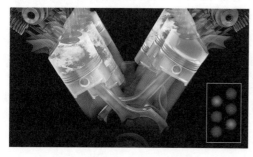

在高速公路等平坦路面做和緩的加速時，可在行駛狀態下，將作動汽缸切換成前排1、2號汽缸，和後排5、6號汽缸。比起讓6汽缸全部燃燒，做較低負荷的加速行駛，僅讓4汽缸燃燒，大開節氣閥的做法較能節省燃料，而且還能降低進氣阻抗，提升引擎作動的效率。

圖片提供：本田技研工業

全汽缸休止系統
——降低引擎的驅動阻抗

1.17

本田的「Insight」和「喜美（混合動力版）」，都是配備馬達輔助引擎的並聯式油電混合動力車。並聯式油電混合動力車以引擎做為常備動力系統，也可單純藉由馬達產生行駛動力，進入所謂的「電動車模式」（EV模式）。當汽車行駛在平緩路面或緩降坡這類只需微幅踩油門的路面時，就可切換成單純利用馬達行駛的模式，暫停提供燃油給引擎，讓油耗量降為零。

而為了減低進入電動車模式時，引擎在空走（譯註：駕駛從踩煞車到煞車真正發揮作用這段期間）狀態下的驅動阻力，這兩款汽車還採用了能停止凸輪軸和氣門作動的「全汽缸休止系統」。全汽缸休止系統**能關閉所有汽缸內的所有氣門，讓汽缸成為密閉狀態，以降低伴隨進、排氣而來的引擎泵損失。**

在全汽缸休止狀態下，雖然整體汽缸內的所有氣門是閉合的，汽缸處於密閉狀態，但是活塞依舊在上下作動。乍看之下，引擎煞車好像還可在此時發揮作用，但事實上已經無法再發揮作用。各位不妨試著用手指封住針筒的針頭那端後再推針筒，就能知道那是什麼情況。當手指壓住針頭時，會有一股阻力；活塞上升，燃燒室的壓力就會變大，形成阻力；活塞下降，壓力就會回彈回來。而這麼一來一回，壓力剛好就抵消了（產生摩擦阻力）。

本田的可變氣門正時與可變氣門揚程系統「VTEC」（Variable valve Timing and lift Electronic Control system）的進化版「三段式i-VTEC」，除了在高引擎轉數與低引擎轉數情況，就連在汽缸休缸模式下，都有在抑制單純利用馬達行駛時的阻力方面下一番工夫。

大幅減少引擎的驅動阻力

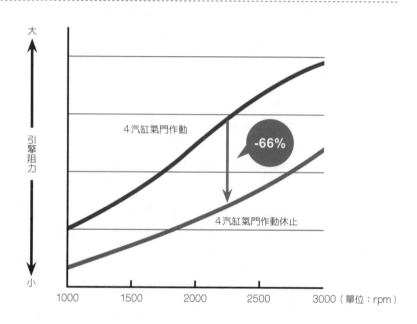

比起4汽缸內氣門全數作動，在4汽缸內所有氣門全數關閉情況下，引擎的阻力最多可減少66%。

圖片提供：本田技研工業

米勒氏循環引擎
——低壓縮、高膨脹，實現高熱效率表現

1.18

　　豐田的「Prius」並不是單純將馬達重新組合就能輕鬆地實現低油耗表現，它可是連汽油引擎都配合改良為油電混合動力車用的汽油引擎。一般汽油引擎會把活塞的整個進氣行程全部耗在單一進氣工作上，儘可能輸送大量的空氣和燃料到汽缸中，以求取最大動力。但是Prius對於馬達自有要求，它要求的是能有更高效率表現的引擎。

　　Prius引擎的特別之處，在於採用所謂的「米勒氏循環引擎」（Miller-cycle Engine）。米勒氏循環引擎應用了「阿特金森循環」（Atkinson cycle），在提升熱效率（將熱能轉換為力學能量的效率）方面極具代表性。原始的阿特金森循環引擎的構造非常複雜，就現實情況而言，是沒有辦法被實用化的。

　　米勒氏循環引擎連一般引擎在做壓縮的行程，都讓進氣門繼續敞開（延遲關閉）。這種設計的特色在於混合氣一旦進入汽缸內，就會被進氣門壓回去，所以具有能節省燃料（和空氣）的優點。 當然，和一般引擎一樣，在燃燒之後的膨脹行程，活塞一樣會下壓到下死點（最底部），雖然這樣一來，動力或多或少會減少一些，但就引擎的驅動而言，並不構成問題。

　　豐田近來廣泛採用米勒氏循環引擎，除了Prius以外，旗下還有多款油電混合動力車，以及部分小車也都採用米勒氏循環引擎。而除了豐田以外，馬自達和本田也有採用相同的機械結構。最後，順道和各位介紹，一般「壓縮比≒膨脹比」的引擎，又稱為「鄂圖氏循環引擎」（Otto-cycle Engine）

米勒氏循環引擎的構造

增大膨脹比構造示意圖（縮小燃燒室的容積）

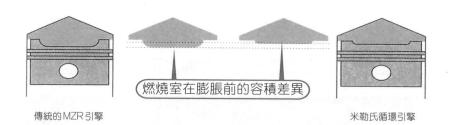

傳統的 MZR 引擎　　　　　　　　　　　　　　　　　米勒氏循環引擎

膨脹前的燃燒室容積小的話，膨脹比（混合氣爆炸前後的容積比例）會向上。

延遲進氣門關閉情形示意圖（壓縮行程）

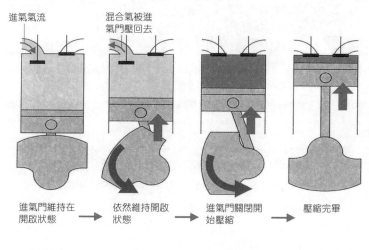

進氣氣流　　　　混合氣被進氣門壓回去

進氣門維持在　　依然維持開啟　　進氣門關閉開　　壓縮完畢
開啟狀態　　→　狀態　　→　　始壓縮　　→

❶即使活塞下降　❷混合氣在壓縮　❸在壓縮過程中　❹在上死點點火
　到下死點，也　　過程中被進氣　　關閉進氣門
　不關閉進氣門　　門壓回去

參考：馬自達官方網頁

豐田「Prius」的動力元件

照片提供：豐田汽車

Prius的引擎以一般直列式四汽缸汽油引擎為主體，以馬達做為輔助，不必如此依賴引擎的動力，適合採用延遲進氣門關閉的米勒氏引擎。

馬自達的「MZR 1.3」引擎

圖片提供：馬自達

馬自達的「Demio」（即為台灣的Mazda2）和「Axela」（即為台灣的Mazda3）便是搭載這款MZR 1.3引擎。當引擎處於低負荷狀態時，可變氣門正時系統會在進入壓縮行程以後才關閉進氣門（延遲關閉），以抑制進氣量，並且吸入低於引擎排氣量的混合氣，在排完氣之前讓混合氣膨脹。

本田「喜美」的i-VTEC引擎

照片提供：本田技研工業

在一般情況下，i-VTEC引擎是以最佳凸輪形狀實現理想的燃燒狀態；在負荷低的低轉數狀態下，則切換成延遲關閉用的凸輪，以實現低油耗表現。本田的「喜美」、「Step Wagon」和「Stream」等車款即是搭載i-VTEC引擎。i-VTEC引擎可視為米勒氏引擎的一種。

柴油引擎
——高效率柴油引擎也能低公害

1.19

「柴油引擎」和汽油引擎差不多是在同一時期誕生，是同樣具有歷史的內燃機。柴油引擎在大量壓縮空氣的高溫高壓燃燒室中噴射燃料，讓燃料自然著火，不但熱效率優於汽油引擎，就連油耗、扭力、低引擎轉數下的動力輸出，以及在二氧化碳排放量等各方面的表現也都相當優異。可惜近年來，柴油引擎所排放之廢氣還是成為空氣污染的元凶之一。

因此，汽車廠以及汽車零件業者的技術師紛紛投入與廢氣淨化有關的研究與開發，終於在高科技的協助下，開發出符合嚴格廢氣排放法規的柴油引擎。

克服廢氣排放限制的技術，依燃料燃燒之時間，可分為以下兩大階段：

①**燃燒前到燃燒階段的淨化技術**

②**燃燒後廢氣形成階段的淨化技術**

首先為各位解說第一階段。直噴式柴油引擎沒有副燃燒室，是在充滿高溫、高壓空氣的汽缸中噴射高壓燃料。但是在噴射燃料之後，若是要讓燃料先汽化再燃燒，就會難以避免地產生燃燒正時失準的問題。為此，柴油引擎遂以延後燃燒時間，在同一時間一併燃燒所有燃料方式解決燃燒正時的問題。只是這麼一來，因為燃燒溫度上升，反而又招來「**氮氧化合物**」（Nitrogen Oxide；NOx）產生量過多的問題。

而且，若是引擎負荷量大，消耗燃料增加，使燃料難以完全燃燒時，無法完全燃燒的燃料就會形成「**懸浮微粒**」混雜在廢氣中，造成黑煙這另一問題。

好在電綜（Denso）於1995年開發卡車用「共軌式燃料噴射裝置」（Common Rail injection System）以後，以往直接壓送到個別噴嘴的燃料，便會被暫時存放在稱為「**共軌**」的管狀

柴油引擎燃油情形示意圖

圖片提供：博世

柴油引擎是將燃料噴射到壓縮空氣中讓燃料燃燒。變成高壓狀態的空氣溫度相當高，所以燃料一被噴射進來，就會自然著火。柴油引擎是應用共軌噴射技術的代表。所謂共軌噴射技術，就是起先只噴射微量的燃料，待燃料著火以後，再將其餘燃料分數次噴出。因此可耗用較少燃料，燃料也燃燒得比較完全，在控制上算是相當複雜的系統。圖片中位於前方的細長棒子，是在引擎冷啟動時做為輔助熱源利用的「預熱塞」。

共軌噴射系統

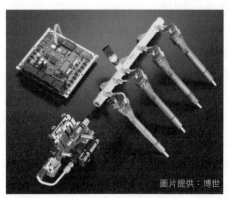

圖片提供：博世

共軌噴射系統乃是由管狀儲槽（蓄壓室）連結各個汽缸的噴射器、高壓燃料泵浦、ECU等零件組合而成。最新的共軌噴射系統的ECU的體積更小、性能更高，泵浦可以噴射更高壓的燃料，所以反應速度更快、噴出的燃料更細緻。

儲槽（又稱蓄壓室）中。有了共軌式燃料噴射裝置後，燃料噴嘴就能專一執行噴嘴開閉管理工作，正確地管理高壓燃料。

1997年，在博世的研發下，共軌式燃料噴射裝置成功應用到乘用車上，使柴油車得以在歐洲迅速普及開來。

共軌系統的首要重點在於**燃料的噴射壓力可以有多大？噴射出來的燃料可以有多細緻？**依照目前的技術水準，燃料的噴射壓力已經可以到達1,800～2,000大氣壓，而且可以在短時間之內噴射出去。最新的柴油引擎還將共軌噴射技術與渦輪增壓技術結合，使柴油引擎的效率又再次往上提升。

而令傳統柴油引擎感到吃力的高轉數狀態，對當代的柴油引擎來說已經不成問題。即使在每分鐘4,000轉這樣對柴油引擎而言算是高的轉數狀態下，各汽缸也能在單次燃燒過程中完成數次燃料噴射動作。以人類做動作的時間來比喻，相當於人類眨一下眼睛的時間；若以數據形式表示，僅僅需要「1／30秒」。

接下來再為各位解說第二階段。想要淨化柴油引擎的廢氣，不僅要在第一階段就做淨化處理，**淨化廢氣本身也很重要**。而最新式的潔淨柴油引擎，便是採用超高淨化技術的「**氧化觸媒**」（Oxidation Catalyst），讓大半的廢氣先進入高壓轉動渦輪增壓器後，再被引導至氧化觸媒。

氧化觸媒可以使廢氣中的一氧化碳（CO）和碳氫化合物（HC）氧化成水蒸氣（H_2O）和二氧化碳（CO_2），將黑煙的主要成分「懸浮微粒」淨化到一定程度。

不過嚴格來說，經氧化觸媒以還原方式淨化處理過的廢氣，不但仍殘留一定程度的懸浮微粒，而且氮氧化合物的濃度也很高，所以還要再利用網目細密且具有如觸媒效果的「柴油濾煙器」（Diesel Particulate Filter；DPF）加以過濾，並且利用觸媒將氮氧化合物（NOx）還原成沒有毒害的氮氣（N_2）和氧氣（O_2）。關於專門處理氮氧化合物的觸媒，目前有兩種已可列入實用用途：一種是利用觸媒吸收、捕集氮氧化合物，趁加速等時機進行淨化處理，稱為「捕集氮氧化合物專用觸媒」（NOx Trap

結合渦輪增壓器的柴油引擎

左圖是日產運動休旅車「X-Trial」所搭載的柴油引擎。為了追求引擎效率，裝配有渦輪增壓器。渦輪增壓器可說是柴油引擎的最佳拍檔，不但能幫柴油引擎實現更廣泛的實用領域，而且在配合負荷程度做燃燒控管上更是不可或缺的好幫手。

照片提供：日產汽車

馬自達的「以尿素做為還原劑」的「選擇性觸媒還原系統」（SCR）

圖片提供：馬自達

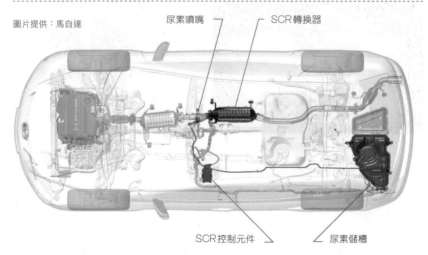

尿素噴嘴　　　SCR轉換器

SCR控制元件　　　尿素儲槽

馬自達為歐洲市場開發以「尿素」溶液做為還原劑的「選擇性觸媒還原系統」，其作用原理是將「尿素溶液」噴灑在吸附一定劑量的氮氧化合物的觸媒上，將有害物質「氮氧化合物」轉化為無害的「氮」。雖然在零件配備方面必須加裝尿素儲槽與噴灑器，但是在提升油耗表現以及減低環境危害上的確有所成效。在目前算是相當有效的廢氣淨化系統。賓士也有導入此套系統。

Catalyst；NTC）；另一種是以「尿素」溶液做爲還原劑，稱爲「選擇性觸媒還原系統」（Selective Catalytic Reduction；SCR）。

　　經過第一階段程序，以及上述三道廢氣淨化處理，目前柴油車的廢氣已經比汽油車的廢氣還要乾淨了。

三菱「Pajero」的「捕集氮氧化合物專用觸媒」與「柴油濾煙器」

DPF內部構造剖面圖

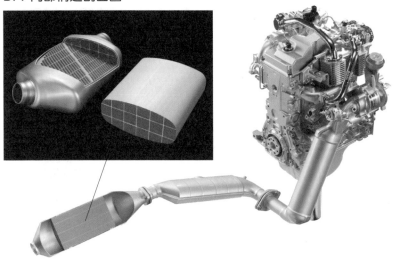

上圖為三菱「Pajero」車款的廢氣淨化裝備：捕集氮氧化合物專用觸媒（NTC），以及防止黑煙（懸浮微粒）排出的「柴油濾煙器」（DPF）。此外並搭載能廣泛且有效利用排氣能量的「可變容量渦輪增壓器」（Variable Geometry Turbocharger；VGT）。

照片提供：三菱汽車

日產的「捕集碳氫化合物與氮氧化合物專用觸媒」的構造

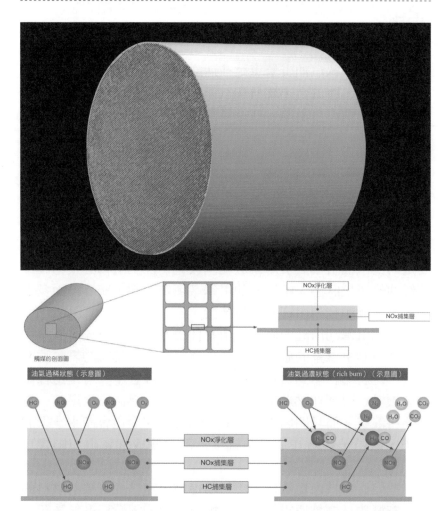

此「捕集碳氫化合物與氮氧化合物專用觸媒」，乃是利用各個捕集層，吸附因油氣過稀（Lean Burn）造成油耗上升時產生的碳氫化合物與氮氧化合物。當吸附到達一定的量，系統便會瞬間增加燃料，供給碳氫化合物與微量的氧氣，使氮氧化合物還原為氮氣，碳氫化合物氧化為二氧化碳和水。日產最新研發的捕集式觸媒就連碳氫化合物也能預先貯存起來，所以淨化效果比傳統觸媒還要高。

照片提供：日產汽車

直噴式引擎
——降低燃料浪費、減緩進氣系統的積碳問題

1.20

　　一般往復式汽油引擎車是在活塞下行的進氣行程中，從開啓的進氣門，將混合了燃料和空氣的混合氣吸進燃燒室中。不過也有另一種汽車引擎，在進氣行程中只吸入空氣，燃料則直接噴進燃燒室中點火。這種的點火方式稱爲「缸內直噴點火」，簡稱爲「直噴」。而採用此種方式的引擎則稱爲「**直噴式引擎**」。

　　缸內直噴技術很早就應用在柴油引擎中，而在汽油引擎方面的應用則是到1996年才由三菱的「GDI」引擎實現。缸內直噴技術在汽油引擎方面的應用之所以會花上那麼長的時間，主要是因爲汽油引擎的引擎轉數範圍較寬，加上引擎必須精確掌控燃油的燃燒狀態，所以汽油引擎必須在控制系統等方面多下工夫，才能順利利用缸內直噴技術。

　　汽油引擎利用缸內直噴技術有什麼好處呢？首先，直接將燃料噴射到引擎室的做法可以減少燃料損失。傳統的燃料噴射方式，是將燃料噴到負責吸入空氣的進氣歧管中，可是這種做法會讓燃料附著在燃燒室前的進氣歧管中，無法完全燃燒，造成燃料浪費。而且問題不只如此，燃燒不完全還會產生「碳」粒子，碳粒子積附在進氣系統中，就會變成進氣阻力影響車況。

　　缸內直噴技術是直接將燃料噴進燃燒室，而且**噴射燃料的量是剛好應付燃燒所需的分量**。所以燃料的浪費與進氣系統的積碳兩項問題便能一併獲得解決。

　　只不過，缸內直噴技術要求燃料噴入高壓燃燒室的噴射正時必須非常準確，使得燃料供給系統的造價被迫抬高，這是伴隨優點而來的缺點。

　　爲了降低燃料浪費，並減緩進氣系統的積碳問題，日本三

直噴式引擎的燃燒情形

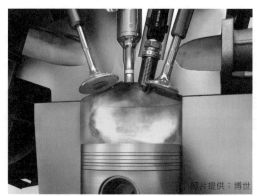

左圖為正從燃燒行程進入膨脹行程的直噴式引擎。在機械構造上，汽油用直噴式引擎和柴油用直噴式引擎相當類似，兩者之間的差異，差不多就是火星塞的有無而已。汽油用直噴式引擎的技術多項承接自柴油用直噴式引擎。目前，賓士正在著手開發汽、柴油引擎皆可共用的缸內直噴系統。

照片提供：博世

豐田的V6引擎

照片提供：豐田汽車

豐田的V6引擎「2GR-FE型」同時採用了傳統的進氣口噴射系統和缸內直噴系統。當引擎轉數低或負載較小時，就先利用進氣口噴射方式製造濃度較稀薄的混合氣，之後再利用缸內直噴方式讓混合氣達到最佳濃度；當引擎轉數高或負載較大時，則單純利用直噴方式以拉高動力輸出能力，並企圖以上述方式達到壓低成本、改善燃油效率的效果。

菱等車廠積極投入直噴式汽油引擎的研發。作法是刻意在點火的火星塞附近製造高濃度混合氣，其餘地方的混合氣濃度則盡量壓低，以壓低整體混合氣濃度方式求取節省燃料之效。

可惜，在導入實際應用後發現，這種設計反而帶來其他問題。例如燃燒濃度稀薄的混合氣，造成排放廢氣難以淨化等問題。在新問題不少，實際油耗表現又不見提升的情況下，搭載直噴引擎的汽油車款自然也就變少了。

現在，歐洲的汽車廠在直噴式汽油引擎的研發方面態度比較積極。而且在歐洲車廠的積極投入下，相關技術也有更創新的發展。例如高壓燃料噴射器——「壓電式噴射器」（Piezoelectric Injector）的發明等。

壓電式噴射器應用了反應迅速的壓電素材，管控燃料噴射的速度是傳統「電磁式噴射器」的兩倍。

燃料噴射的反應速度變快，不但實現了在壓縮和膨脹行程中完成數次噴射動作的理想，惱人的「混合氣濃度差異」問題也較過去改善許多，也連帶達成了**無浪費燃燒、防範異常燃燒現象（爆震）**的理想。

另外，由於燃料在汽化過程中，會奪取周遭的熱能充當汽化所需的熱能，直接為燃燒室帶來冷卻效果，所以缸內直噴方式在降低混合氣的燃燒溫度方面也很有成效，和進氣口噴射方式相比，可以不必浪費額外的燃料。最後結果，不但油耗表現獲得提升，就連壓縮比也變高了！

保時捷的直噴式引擎與進氣行程

照片提供：保時捷

上圖為保時捷的水平對臥式6缸引擎。活塞頂部中心的凹陷，乃是為了讓引擎依行駛條件，單獨向燃燒室噴射燃料等目的所做的設計，是保時捷為了控制燃料所下的工夫。

照片提供：保時捷

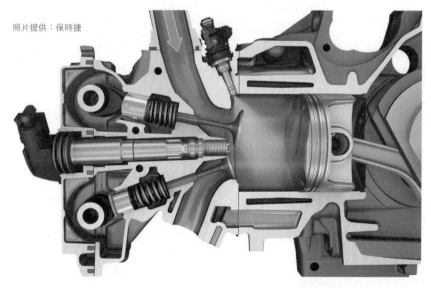

利用活塞下降時形成的負壓，從進氣門的間隙吸入空氣，並讓燃料噴射器趁此同時噴射燃料。直噴式引擎的燃料噴射會在進氣行程到壓縮行程之間分數次執行。這種方式有利於控制混合氣的濃度、調整動力輸出和油耗表現。

怠速熄火系統
——引擎高速啟動只需0.35秒

1.21

　　油電混合動力車在市區街道之所以能有那麼優異的油耗表現，也得感謝怠速熄火技術的多方應用。最近常聽到引擎怠速運轉5秒以上所耗費的燃料超過引擎啓動所需的燃料。

　　事實上，如果是一般汽油車要在停紅燈時執行怠速熄火，不但在啓動時需消耗電池的電力，駕駛人還得操作變速裝置、啓動電動馬達、操作煞車等，動作多且複雜。要是駕駛人無法順利操作這一連串動作，說不定還會造成後方塞車，因此在應用層面上並不實際。

　　馬自達為了提升在市區單獨使用往復式引擎行駛時的油耗表現，便應用怠速熄火技術開發出一套名為「**i-stop**」的怠速熄火系統，搭載於旗下現行車「Axela」（Mazda3）上。

　　馬自達的怠速熄火系統i-stop的運作原理，是**在壓縮狀態下將燃料噴射到停止作動的汽缸中，再利用火星塞點火，瞬間讓引擎重新啓動**。這可以說是直噴式引擎獨有的系統。

　　不過，這套怠速熄火系統還得搭配電動馬達，才能確保引擎能夠確實啓動，也由於搭載了電動馬達用的輔助電池，即使面臨走走停停、必須頻繁重新啓動引擎的路況，也能預防電池用盡。

　　怠速熄火系統已將車輛停止到怠速熄火、引擎重新啓動這一連串流程簡化，無論任何人駕駛，都能順利完成怠速熄火操作。比起購買油電混合動力車，購買配備怠速熄火系統的汽油車即可透過較低的初期投資享受較高的環保效益。怠速熄火系統堪稱劃時代的高科技配備，希望未來搭載怠速熄火系統的車種能不斷成長。

馬自達的怠速熄火系統構造圖

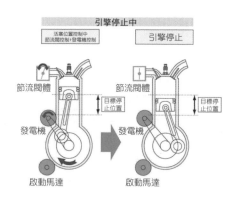

引擎停止時

當怠速熄火系統判定汽車可能會遇到怠速熄火情況時，可以選擇要利用哪顆汽缸讓引擎重新啟動。然後怠速熄火系統就會停止噴射燃料，在引擎停止時讓電流流入發電機，再利用該阻力調整活塞的位置，讓活塞停在最適合重新啟動引擎的位置，同時開啟節流閥，將新鮮空氣導入汽缸中。

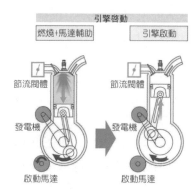

啟動時

當怠速熄火系統判斷駕駛人已經做出企圖使汽車開動的駕駛動作時，系統就會將燃料噴入先前在引擎停止時所選擇的汽缸，以執行點火工作，並於同時間助長啟動馬達運轉，讓引擎瞬間甦醒。在怠速熄火系統的協助下，引擎從停止狀態回復成可以啟動狀態的時間，僅需0.35秒。

引擎外觀

搭載i-stop怠速熄火系統的馬自達引擎「MZR 2.0L DISI」。想要實現怠速熄火功能，就連煞車、自動變速箱等引擎以外的零件也要設計成可以回應怠速熄火功能才行。當然，除了怠速熄火功能外，此款引擎還導入油耗低減與廢氣排放量低減等技術。

照片提供：馬自達

離子電流感測式廢氣再循環裝置i-EGR
——減少廢氣中氮氧化合物含量，油耗表現也會提升

1.22

　　如果要讓燃料完全燃燒，汽油引擎的燃燒溫度就會升高。燃燒溫度升高，排放廢氣中的氮氧化合物就會跟著變多。氮氧化合物是造成空氣污染的物質之一。雖然可以利用觸媒，在一定程度內將引擎燃燒產生的氮氧化合物還原成氮氣和氧氣，但仍要設法減少廢氣中氮氧化合物的含量。

　　汽車廠在追求引擎效率提升的同時，還得防止完全燃燒情形會造成氮氧化合物增加。為了因應以上兩者必須兼顧的趨勢，汽車廠終於研究出一套**可以回收部分燃燒後產生的廢氣的裝置**，稱為「**廢氣再循環裝置**」（Exhaust Gas Recirulatiom；EGR）。

　　最近，廢氣再循環裝置不僅利用在減少氮氧化合物方面，也應用在提升油耗表現方面。

　　利用廢氣再循環提升油耗表現的具體辦法，是故意製造不易燃燒的狀態，讓控制動力輸出和引擎轉數的節流閥**在低負荷狀態也能大大開啟**。儘管節流閥的動作是在大大吸氣，但是能夠用來燃燒的氧氣卻很少，所以燃料也只消耗一點點，再加上吸入空氣產生的阻力減少，也就是引擎泵損失減少，整體結果便是油耗表現提升。

　　大發更積極為廢氣再循環裝置做進一步開發，為該裝置搭配精密的控制技術——離子電流感測裝置。這整套裝置簡稱為「**i-EGR**」。i-EGR裝置會在點火後，利用火星塞調查燃燒室內離子的燃燒狀態，做為控制點火正時的依據，讓燃料可以高效率完全燃燒，以精密、確實的控制，有效利用少量燃料，達成油耗表現提升的效果。

大發i-EGR採用的「eco IDLE」

影片提供：大發工業

圖片為大發輕型車用新型引擎。除了i-EGR，大發還大量導入直噴系統、協調控制CVT等一般汽車所用的複雜機械系統，讓這部車的油耗表現足以媲美油電混合動力車。這部引擎是2009年東京車展的展出品。

i-EGR的廢氣再循環氣閥收納處

廢氣再循環
氣閥收納處

影片提供：大發工業

這部搭載i-EGR的引擎，採i-EGR氣閥與引擎一體化設計，利用汽缸體內的冷卻水管路冷卻廢氣，然後利用進氣歧管將廢氣再次送回引擎。

可變壓縮比式活塞與曲軸系統
1.23 ──配合行駛狀況改變壓縮比

　　前面提過，有一種循環系統能讓膨脹比大於壓縮比，以提升熱效率（熱能轉換成力學能量的效率），稱為「阿特金森循環」。而有一款引擎，算是阿特金森循環系統的簡易版，卻又採用延遲進氣門關閉裝置的「米勒氏循環系統」，這款引擎目前搭載於豐田的Prius等車款上。

　　另有一種系統，企圖以不同於米勒氏循環系統的方式提升熱效率，那就是日產正如火如荼投入研究開發的「**可變壓縮比（VCR）式活塞與曲軸系統**」。

　　可變壓縮比式活塞與曲軸系統，是在連接活塞和曲軸的連桿上加上**接環**，利用接環改變連桿的支點位置，讓曲軸轉動一圈，就能使活塞上下作動產生高低落差。這種結構能將行駛中的壓縮比控制在8.0（低壓縮比）～14.0（高壓縮比）之間，而且能夠自由變更壓縮比。

　　當汽車行駛在市區街道或高速公路等，這類不太需要動力的路面時，就可以調高壓縮比，以提升熱效率的方式提升油耗表現。相反地，當汽車行駛在需要急速加速或山路爬坡等，需要較大動力的路面時，就可增壓降低壓縮比，一方面避免異常燃燒（爆震），一面讓系統可以加強增壓，以提升動力輸出。

　　所謂變壓縮比汽油引擎之活塞與曲軸系統，就是企圖以**「低負荷高壓縮比」確保油耗表現，以「高負荷低壓縮比」確保動力表現**的設計，同時滿足油耗和動力兩項條件相反的要求。

可變壓縮比式活塞與曲軸系統

新式多接環式系統

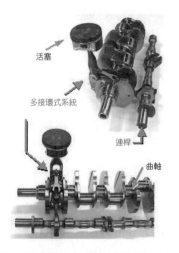

活塞

多接環式系統

連桿

曲軸

組裝到引擎上

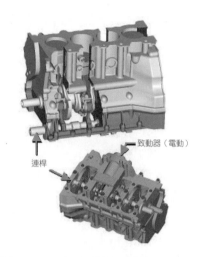

致動器（電動）

連桿

日產正著手開發的可變壓縮比式活塞與曲軸系統，是將以往和曲軸連結的連桿分割成桿部和連桿底部兩部分，並在和連桿底部部分的相反側設置控制軸做為副接環，屬於多接環式的系統。

圖片提供：日產汽車

可變壓縮比的原理

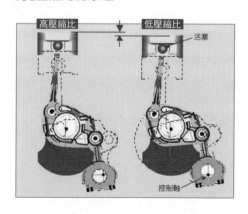

高壓縮比　　　低壓縮比

活塞

控制軸

以轉動和曲軸平行配置的控制軸方式改變副接環的高度位置，讓桿部改變高度位置，其原理就如同翹翹板一般。即使曲軸只是在做相同的圓周運動，連桿上下運動的範圍也會改變。藉由這種方式，引擎就能在低負荷狀態下變高壓縮比；在高負荷狀態下變低壓縮比。

照片提供：日產汽車

節能駕駛輔助系統
——協助駕駛人節省能源的環保裝置

1.24

　　許多工程師日以繼夜、費盡工夫地研發低油耗汽車。但是，假如駕駛人的駕駛習慣粗暴，喜愛任意加速、減速，那麼就算所駕駛的是低油耗車款，油耗也低不到哪裡。

　　但是話說回來，若要駕駛人以呵護引擎的態度，每天戰戰兢兢地開車，那未免也太累人了。尤其最近的汽車又沒有辦法讓駕駛人單憑引擎轉數判斷油耗高或低，讓駕駛人很難掌握節省油耗的要領。

　　有鑑於此，本田汽車認為，想要節省油耗，不應只從引擎結構方面下手，還要利用系統輔助駕駛人，雙管齊下才行。於是，本田開發名為「eco-assist」的節能駕駛輔助系統，搭載於現行車Insight上。這套系統能從引擎的噴油量、引擎轉數以及行車速度等條件算出油耗量，幫助駕駛人判斷出當下屬於高油耗或低油耗駕駛方式。

　　和本田汽車一樣，豐田汽車也為豐田品牌旗下的Prius等油電混合動力車配備節能駕駛輔助系統，名為「eco-drive」。而豐田集團旗下的Lexus車款則是配備名為「**Harmonious Driving Navigator**」的駕駛導航，利用監控設備支援駕駛人做節能駕駛，更以車載資訊服務系統（Telematics Service System）（詳見6.07）幫助駕駛人向中心回報油耗情形。

　　這類節能輔助裝置以簡單易懂的方式，告訴駕駛人油電混合動力系統的效果，鼓勵駕駛人做**節能駕駛**，讓駕駛人從駕駛中產生環保意識。

本田Insight的儀表板

照片提供：本田技研工業

按下儀表板右邊的環保模式按鍵「ECON」，系統就會自動將冷氣、引擎和自動變速系統的運作模式設定為節能模式。位於方向盤前方的儀表板會顯示多元資訊，駕駛人可以透過稱為「eco-guide節能導引」的條狀圖圖形變化以及雙葉圖示，判斷目前的駕駛方式是否具有節能效益，讓駕駛人能夠輕鬆愉快地持續成為節能駕駛。除此之外，駕駛人還能從獨立於主控板上方時速計的顏色變化得知目前的油耗程度。根據資料顯示，在此套系統的輔助下，可以節省10％的油耗。

豐田Prius的「eco-drive」

照片提供：豐田汽車

eco-drive系統從第一代開始便採用能夠顯示引擎、輔助馬達和電池的充電狀態的能源監控系統。現行eco-drive的系統畫面安排在長條形儀表板的中央位置。系統畫面會顯示平均每分鐘的油耗量，並以條狀圖表示油耗變化，並設置有建議畫面，建議駕駛人提升油耗表現的駕駛方式。Lexus車款所採用的行車導航系統Harmonious Driving Navigator也具備同樣功能。

Lexus專用車載資訊服務系統「G-Link」

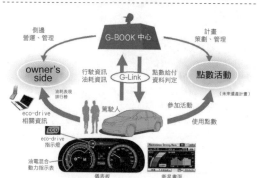

駕駛人可以透過G-Link將油耗資訊和行駛資訊傳輸到G-BOOK中心。如果車主參加點數活動，還可以和其他車主比較集點情形，或請中心判定資料。

照片提供：豐田汽車

COLUMN 1　搖桿式方向盤好操控嗎？

　　豐田汽車在2009年的東京車展上，發表一款近未來電動概念車「FT-EVⅡ」，方向盤採用個人用行動設備（Personal Mobility）「i-REAL」開發的搖桿。這種操縱搖桿和i-REAL一樣，假如操控對象是慢速移動的車輛，就會很好操控。

　　不過在現實生活中，汽車必須面臨一般道路、高速公路、山路、U型迴轉、倒車入庫等各種路況。直到現在，要求高度控車能力的F1賽車都還是必須採用兩手抓握、旋轉的方向盤，代表這種形式的方向盤就是**操控起來最自然、反應最直接的形式**。

　　或許在將來，乘用車的方向控制系統會演變成藉由電子信號控制的「線控式」（By Wire）系統。不過就算變線控式，轉動方向盤作為實際操控方向的方式應該還是不會改變。

如果只是專門在市區街道行駛，以搖桿當方向盤應該是沒有問題。但一旦行駛在速度範圍較廣、需要微幅調整方向的地區，用搖桿操控方向恐怕就很吃力了！

第2章

防範事故於未然的高科技

開車時最重要的就是不讓事故發生。
本章將解說各種為了防範駕駛造成交通事故而開發,且愈趨實用的汽車科技。

照片提供:戴姆勒
圖為對駕駛中的駕駛人進行腦波測定實驗的照片。賓
士長期投入駕駛人的心理狀態與行動模式的研究分
析,企圖以此開發出更舒適、安全的汽車系統。

防鎖死煞車系統
──超越人類極限的控車技術

2.01

駕駛踩踏煞車後，車輪的轉動速度會漸漸減慢，降低車速。但有時，駕駛會強力踩煞車，使煞車產生巨大摩擦力，甚至大過於輪胎和路面的摩擦力。假如駕駛在車輛高速行駛時突然強力踩踏煞車，可能會出現汽車持續行進，車輪卻沒在轉動的情形。這種情形稱為「**車輪鎖死**」。

當車輪鎖死時，雖然車輪已經停止轉動，可是為了使車輪停止轉動，煞車的制動力已經把輪胎的抓地力全部用盡，所以就算駕駛轉動方向盤，也沒有辦法使汽車轉彎。

當車輪鎖死以後，在慣性法則的作用下，汽車會持續滑行，並且朝鎖死瞬間的方向前進，不受方向盤控制。

所謂「**防鎖死煞車系統**」（Anti-lock Braking System；ABS），就是能夠預防輪胎鎖死，以提高煞車制動時的安全性的系統，是博世於1986年應用在汽機車上的機械系統。它的原理是當電腦偵測到輪胎鎖死時，就會減弱煞車的制動力。當煞車的制動力減弱以後，輪胎和路面的摩擦力就會產生效果，所以方向盤就能發揮效用。

防鎖死煞車系統在每個車輪內側裝配有感應器，用以偵測輪胎的轉動狀態，**當偵測到有輪胎被鎖死時，就會把煞車的壓力放掉，以解除鎖死狀態。當車輪鎖死狀態解除以後，再重新加壓。**系統會重複執行這項作業以調整煞車制動力，每次執行的時間間隔僅0.05秒，速度之快，超乎人類的反應。

ABS 的效果

照片提供：博世

以左圖為例，如果汽車沒有搭載防鎖死煞車系統，那麼當煞車失效、輪胎鎖死情況發生時，就算駕駛人奮力操控方向盤，也不能改變汽車的行進方向，最後將無法避免地朝前方障礙物衝撞上去。假如汽車有搭載防鎖死煞車系統，那麼即使天雨路滑，輪胎也能維持抓地能力，讓汽車一面煞車，一面在駕駛人的方向控制下避開障礙物。

ABS 的結構

Anti-lock Braking System （ABS）
①和油壓控制器結合成一體的控制單元
②裝配在車輪的速度感應器

圖片提供：博世

防鎖死煞車系統的控制單元是透過裝置在四顆輪胎上的感應器監視輪胎的轉動狀態。一旦偵測到煞車制動力停止輪胎，並判斷為「煞車鎖死」後，就會減弱煞車的壓力，解除鎖死狀態，然後再提高油壓。在瞬間當中重複執行以確保汽車的操縱性，發揮高度的制動力。

新舊ABS元件比較

照片提供：博世

在防鎖死煞車系統發展之初，其油壓控制單元和電子控制單元是各自獨立的，而且都是又大又重，因此造價高昂，只有高級車才備得起。所幸，防鎖死煞車系統發展到現在，油壓控制單元和電子控制單元兩者的體積都縮小許多、重量也都變輕許多，而且兩者還結合成一體，幾乎不占引擎室的空間，對車體輕量化很有貢獻，而且造價也低廉許多，現在幾乎所有乘用車都會配備防鎖死煞車系統。

電子控制式車身動態穩定系統
——自動控制煞車，防止車輪空轉、打滑

2.02

　　自從開發出偵測車輪轉動訊號以控制車輛的技術應用到ABS系統後，工程師便積極地加以應用，並且持續發展這項技術。另有一項安全裝置，稱為「**循跡控制系統**」（Traction Control System；TCS），它的發展背景和防鎖死煞車系統很類似，是避免車輛在容易打滑的路面，或是大馬力車輛做緊急加速時發生車輪打滑、空轉的情形。當循跡控制系統偵測到驅動輪發生空轉或打滑情形時，系統就會抑制引擎的動力輸出，並針對該只出現空轉或打滑的驅動輪實施煞車，讓輪胎恢復抓地力。

　　而「**電子控制式車身穩定系統**」（Electronic Stability Control System；ESC）的作用更是積極。它能進一步單獨控制四顆輪胎的煞車，以求更穩定的行駛狀態。例如，對行進中的車輛稍微施加左側的煞車，就能把車輛向左拉，以修正車輛的行進方向或穩定車姿。當駕駛人遇到突發狀況，發覺車子快要失去控制，或是已經打了方向盤，車子卻沒有依照預定角度充分轉彎時，就可以在這套電子式穩定控制系統的協助下，作動各個車輪的煞車，以穩定車姿，修正轉彎角度。

　　標準的電子式穩定控制系統的能力不只是依照駕駛人的意思指揮車輛前進而已，它還能在一秒鐘之內做出25次確認動作。所以，就算駕駛人為了閃避路面變化或障礙物而緊急轉動方向盤，車輛失控的可能性也非常低。根據日本獨立行政法人「國家車輛安全暨受害者援助機構」（National Agency Automotive Safety & Victims' Aid；NASVA）的調查，受惠於電子式穩定控制系統的安裝，日本重大車禍事故的發生率減少62％之多。

　　博世也開發了一套電子控制式車身動態穩定系統（Electronic

車輛在電子式穩定控制系統ECS作用下的行駛軌跡

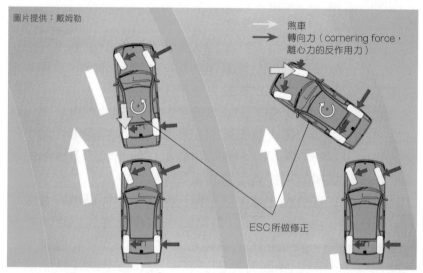

圖片提供：戴姆勒

煞車
轉向力（cornering force，離心力的反作用力）

ESC所做修正

電子控制式車身動態穩定系統，乃是利用方向盤轉角感測器（Steering Angle Sensor）偵測方向盤的轉動角度，利用偏航率感測器（Yaw Rate Sensor）偵測車輛的偏航情形。當系統察覺車輛無法按照預定角度充分轉彎時，就可作動彎道內側的後輪煞車，協助車輛充分轉彎（右）。相反地，當車輛的偏航情形過分嚴重，系統判定車輪可能陷入車輪空轉或打滑狀態時，系統就會針對彎道外側的前輪實施煞車，以穩定車姿。此外，為求車輛穩定，系統也會限制引擎的動力輸出。

Stability Program；ESP），德國車便是採用這套系統。不過現在博世已將這套系統改稱爲ESC，以求名稱統一，並努力將它推廣到世界各地的車輛中。

電子控制式車身動態穩定控制系統之進階版

前面解說過的電子控制式車身動態穩定控制系統，可以透過「ECU」或「致動器」（Actuator）的作動，**充實和安全性能相關的配備**。開發電子控制式車身動態穩定系統的博世，還爲該系統做更進一步開發。

例如，當汽車在雨天行駛時，系統會預踩煞車，預先使煞車盤的表面乾燥，以提高煞車制動初期的制動機能。而且，系統預先煞車的動作輕微到駕駛人幾乎不會察覺。

此外，在山路等多下坡或多彎道的路段，煞車很容易因爲過度使用而過熱，造成煞車機油受熱膨脹，影響煞車性能。對此，博世也以ESC爲基礎，進階開發出在偵測出煞車機油的油溫上升後，指揮煞車提高反應的系統。

運動休旅車SUV在穿越險惡路況時，爲了提高越野性能，有一項配備「4ESP」，能針對空轉中的車輪實施煞車、控制引擎的節流閥，就是ESC的進階版本。4ESP不只能控制單一只輪胎的煞車，它能同時控制三顆輪胎，甚至四顆輪胎的煞車，以達到更有效的防止打滑效果。而目前裝配4ESP的運動休旅車裝配已經有愈來愈多的**趨勢**。而現在，4ESP的進階版本也已問世，這是將控制領域積極延伸到方向操控，透過和電動動力方向盤搭配組合的方式，以進一步防止車輪空轉、打滑。

電子控制式車身動態穩定系統的構造

Electronic Stability Program ESP®

Components of the Electronic Stability Program ESP from Bosch:
1 ESP-Hydraulic unit with integrated ECU
2 Wheel speed sensor
3 steering angle sensor
4 Yaw rate sensor with integrated acceleration sensor
5 Engine-management ECU for communication

① 結合ECU的ESP液壓元件
② 輪速感測器
③ 方向盤轉角感測器
④ 結合加速感測器的偏航率
　　（轉向力）感測器
⑤ 引擎控制用ECU

圖片提供：博世

裝載於各車輪的輪速感測器（②）會時時確認前後左右各個輪胎的轉速差異，偵測是否有因煞車造成輪胎鎖死或打滑的情形。ESP的液壓元件（①）也具有防鎖死煞車機能和軌跡控制機能。為了抑制速度和輪胎的驅動力，系統會透過ESP的液壓元件向引擎控制用ECU（⑤）發送關閉節流閥或減少燃料噴射之類的信號。方向盤轉角感測器（③）可以判斷駕駛人的開車狀況。至於車輛動態判定，則是輪速感測器和偏航率感測器（④）的任務。

煞車輔助系統
——自動緊急煞車以閃避危險

2.03

　　駕駛人急打方向盤或急踩煞車以閃避前方或側向過來的危險做法，是駕駛人為了保障自身性命安全而做出的本能反應。

　　不過，駕駛人想要緊急煞車，實際上卻沒有充分地踩踏煞車，使制動力不足以煞住車子的情形經常發生。

　　這種情形並不只發生在駕駛人是女性或高齡者等體力較弱的人。一般駕駛人，尤其是平常沒有習慣重踩煞車的多數駕駛人，一旦遇到突發事故，也很有可能發生沒有充分踩煞車的情形。

　　這種現象很有可能是受到「煞車增壓器」（Brake Booster）的影響。在煞車增壓器的協助之下，日常生活中所面臨的一般路況多半不用重踩煞車，煞車就能充分發揮效果。

　　所以，車廠便構想藉由「**煞車輔助系統**」（Brake Assist），以彌補駕駛人在面臨緊急情況時，踩煞車的力道可能不足的現象。

　　煞車輔助系統是利用ECU偵測駕駛人踩踏煞車板的力道與時間，以及車速等條件，判斷駕駛人是不是想緊急煞車。當ECU判定駕駛人想要緊急煞車時，煞車輔助系統就會替駕駛人**增加煞車的力量，讓煞車能夠做出緊急制動**。

　　如果說，ABS系統是放掉煞車壓力以調整煞車的裝置，那麼煞車輔助系統就是增強煞車力道的裝置。

塞車陣最後一臺的追撞

照片提供：博世

塞車陣中的最後一臺車，或是由後車所造成的追撞事故，可能是因為駕駛開車時東張西望，來不及發現自己就要撞上前車，或者是駕駛沒有把煞車充分踩到底才釀成的災禍。煞車輔助系統所要應付的就是這種狀況。當系統判斷駕駛人想要緊急煞車，卻又沒有充分踩踏煞車時，系統就會自動調高煞車的極限值，幫駕駛人將可能造成的傷害降到最低。

煞車輔助系統剖面圖

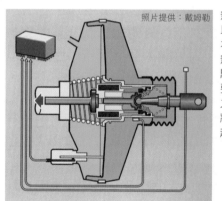

照片提供：戴姆勒

煞車輔助系統的中心裝置就是「增壓器」，以及裝在它上面的另一個增壓器。煞車原本就有藉由利用引擎負壓的增壓器減輕踩煞車板的設計。而煞車輔助系統則是從駕駛踩踏煞車板的力道等條件，判定駕駛想要緊急煞車時，會自動提高煞車的制動力，並縮短制動距離。目前，汽車廠已經將煞車輔助系統和ABS系統整合在一起，幫助駕駛人免除煞車失控的問題。

煞車輔助系統零件

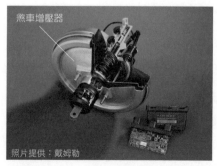

煞車增壓器

照片提供：戴姆勒

煞車輔助系統是由裝在增壓器中的輔助裝置、控制電腦，以及裝在踏板的感測器等零件所構成。最新的煞車輔助系統更結合防打滑的車身動態穩定控制系統，將煞車增壓器直接嵌在車身動態穩定控制系統中，讓煞車控制更多、更廣的領域，而不單只是煞車輔助（參見上一節）。

防碰撞預警系統
——自動警示前方有車輛或障礙物的系統

2.04

　　駕駛人在習慣駕駛後，在日常駕駛中會有駕駛行為愈來愈散漫的傾向，經常出現注意力不集中、操作態度漫不經心等現象，這是在現實駕駛生活中經常發生的問題。另外，駕駛有時也會面臨疲勞或身體不適，卻不得不開車的情形。以上種種不適合開車的態度或身體狀況，很多時候駕駛人自己並沒有意識到。

　　由於以上不良駕車情況影響到駕駛反應，駕駛人太晚才注意到前方車輛或障礙物，造成碰撞或追撞事故的情形可說是層出不窮。

　　於是汽車的設計師便想，就算駕駛人的駕車狀況不理想，如果車子自己能夠發現危險，並對駕駛人發出**警告**，應該可以減少因為太晚察覺危險所造成的車禍。就在這樣的概念下，**「防碰撞預警系統」**（Pre-crash Safety System）誕生了。

　　防碰撞預警系統是利用**「微波雷達裝置」**，偵測前方是否有車輛或障礙物。但是，在雷達已偵測出前方車輛或障礙物，駕駛人卻沒有做出迴避動作時，系統就會自動先替乘車者繫緊安全帶，替駕駛人輕踩煞車，以喚起駕駛人的注意。當駕駛人因為打瞌睡或左右張望等行為，致使車子與前方車輛或障礙物的距離不斷接近，甚至近到系統判斷駕駛人處於難以做出迴避危險反應的狀態時，系統就會**自動強踩煞車，以降低碰撞衝擊的力道**。

　　豐田汽車更將碰撞預警系統與影像監控系統加以結合，推出進化版的防碰撞預警系統：利用CCD相機偵測駕駛人的臉部，算出駕駛人眨眼的頻率等各種條件，依此判斷駕駛人是否在開車時打瞌睡。此外，富豪汽車（Volvo）旗下的運動休旅車「XC60」所搭載的安全系統，還能自動煞車直到車輛完全停止為止。這些積極的安全裝置，是各家車廠為了提供駕駛人更安全的汽車所做的努力。

賓士「S-Class」的主動安全防護系統「PRE-SAFE」作動示意

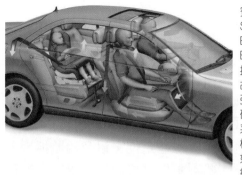

圖片提供：戴姆勒

賓士的主動安全防護系統「PRE-SAFE」，是透過車輛動態穩定系統ESP的作動，以及煞車輔助系統的ECU的資訊，判斷是否可能發生碰撞事故。當系統判斷即將發生碰撞事故時，就會自動為乘客束緊安全帶，強力穩住乘客的身體，為可能發生的碰撞事故做好防護準備。不僅如此，系統還會自動立起傾躺的座椅，調整椅面角度，避免乘客的身體往前鑽。如果當時天窗剛好處於開啟狀態，系統也會自動關閉天窗，以避免乘客彈出車外。

防碰撞預警系統結構解說圖

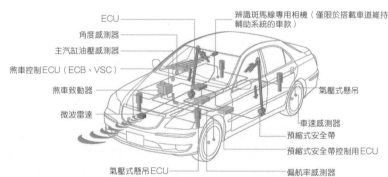

ECU

角度感測器

主汽缸油壓感測器

煞車控制ECU（ECB、VSC）

煞車致動器

微波雷達

辨識斑馬線專用相機（僅限於搭載車道維持輔助系統的車款）

氣壓式懸吊

車速感測器

預縮式安全帶

預縮式安全帶控制用ECU

偏航率感測器

氣壓式懸吊ECU

圖片提供：豐田汽車

豐田「皇冠」（Crown）的防碰撞預警系統，是利用雷達偵測本車和前方障礙物或前車的距離、車速，並利用偏航感測器判斷車輛是否面臨碰撞或打滑的危險。當系統判斷碰撞危險即將發生時，就會束緊安全帶以警告駕駛人，並視情況作動煞車。此外，系統還會預先調高安全氣囊的反應度，並且自動作動煞車讓車速降下來。萬一碰撞事故不幸發生，能在上述預防機制下減輕乘車人員受傷程度。

胎壓警報系統
──裝配感測器，隨時監控
2.05

　　填充在輪胎裡面的空氣幾乎處於密閉狀態，但是氣壓和溫度並不是永遠維持一定的。在汽車行駛時，輪胎因吸收震動或衝擊而產生摩擦熱，摩擦熱會使輪胎內部空氣的溫度上升，使得輪胎內部氣壓隨溫度上升而升高。

　　輪胎的胎壓對乘坐舒適感、車身穩定性，以及輪胎抓地力等輪胎的全面性能都有影響。胎壓不僅直接影響行車安全，而且影響甚鉅。如果讓胎壓極低的輪胎持續高速行駛，輪胎會變形，最後甚至爆胎。

　　在很早以前，德國就已經開發出胎壓警報系統。這或許和德國的高速公路沒有速度限制，輪胎的胎壓是影響行車安全的要素有關。

　　在高速行駛需求之下，愈來愈多車子選擇搭載胎壓警報系統。當時德國所開發的系統是所謂的「直接式」胎壓警報系統，也就是直接在輪胎裝設感測器，以**接收感測器電波訊號**的方式，感測轉動中車輪的胎壓。

　　假設四顆輪胎中有一顆輪胎漏氣，由於漏氣輪胎的外觀會變得比較扁，實際外徑比較小，比起其他三顆輪胎，需要轉更多圈才能完成相同的轉動距離。在這個原理的應用下，汽車業界發展出另一種胎壓管理方式，也就是所謂的「間接式」胎壓警報系統，做法是**趁車輛直線前進時**，**檢查出轉數異常的車輪**。

　　最後，順便向各位介紹一款非常特別的胎壓監控裝置，可以在行駛中直接調整胎壓，主要為以穿越廣大沙漠等特殊地形為目的的越野車種所使用。

直接式與間接式胎壓警報系統的差異

直接式

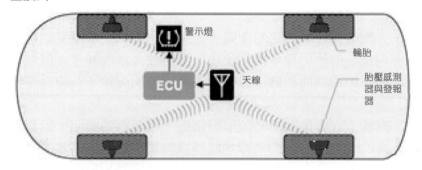

特徵
- 檢測各個輪胎的絕對壓力
- 確保感測器內的電池經久耐用

間接式

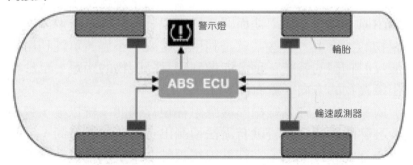

特徵
- 檢測各個輪胎的壓力差異和絕對壓力（指定）
- 可信度高（不需在 ABS ECU 上追加硬體）

「直接式胎壓警報系統」是透過 ECU 自胎壓感測器接收胎壓資訊。當胎壓值低於基準，系統就會閃爍警示燈，或透過液晶螢幕提醒駕駛人注意。「間接式胎壓警報系統」則是以檢查輪胎之間的轉數是否有差異，判斷胎壓是否異常降低。當爆胎等車況發生，爆胎車輪的胎壓下降，輪胎變扁，輪胎接地面的半徑變小，轉數就會和其他沒有爆胎的車輪產生差異。胎壓警報系統還會進一步比較實際的車輪轉數和自動變速箱迴轉數算出的正確車輪轉數，如果數值有所差異，就代表所有車輪的胎壓都變小了。

夜視系統
2.06 ——黑夜中也能辨識人或動物

　　人類的視線有一定的極限。人類的肉眼只能看見受到可見光照射後反射的影像。雖然黑色是會吸收光線的顏色，但是黑色也能映照周圍的物體（黑色的光澤面更能像鏡子一般映照物體）。

　　駕駛人在夜間開車必須依賴路燈、建築物的照明，以及車輛本身的大燈所投射的光線才能辨識物體。不過在高效率的大燈問世以後，超過大燈投射範圍的部分就變得相對晦暗許多；大燈照明得愈清楚，照明範圍以外的景象就愈難看得清楚。

　　因此，汽車業界便萌生開發視線輔助系統的念頭。於是，應用紅外線支援駕駛辨識物體的視線輔助系統誕生了。此系統是運用原本為了軍事用途而開發的夜視裝置技術。在偵測前方障礙物的技術上，有些系統是利用雷達波。不過，單純利用雷達波反射物體的系統，頂多能做到測量障礙物的距離，至於要定出障礙物的方向，就有困難了。

　　所幸，自從紅外線攝影機應用在視線輔助系統以後，只要是會發熱的物體，系統就有辦法偵測出它的距離和方向，甚至連大小都能大概測出。在紅外線視線輔助系統問世以後，道路上的物體，**就算是在黑夜中，無論是人、動物或汽車都能被系統識別出來**。除了以上所列舉的物體，道路上幾乎不會出現其他物體，所以可以說，絕大部分的障礙物都能被識別出來。

　　有些系統的機能非常先進，一旦辨識出人體，還能自動顯示於駕駛座的螢幕上，加強提醒駕駛人注意，以提高防範事故發生的效果。電子眼睛不僅能映照出人類肉眼所看不見物體，還能對駕駛人發出警告，無疑是支援駕駛人夜間行駛的最好幫手！

BMW的夜視攝影機

BMW 7系列的前保險桿屬於選配零件，內含可以捕捉熱源或人、動物等人或物所釋放的遠紅外線。

照片提供：BMW

夜視攝影機的視界

夜視攝影機備有遠紅外線捕捉功能，即使是位於大燈投射範圍300公尺以外的人或物，系統一樣能辨識，並對駕駛人提出警告。

照片提供：BMW

豐田的夜視攝影畫面（附偵測行人功能）

在近紅外線攝影系統方面，豐田是第一家導入偵測行人功能的汽車廠。當系統偵測出前方40～100公尺內有行人時，還會加以影像處理，以方框標示行人的所在位置，加強提醒駕駛人注意。

照片提供：豐田汽車

後方障礙物警報系統
——減低變更行車路線危險的第三隻眼

2.07

　　駕駛人在變更行進路線時，一定要隨時注意安全，並且避免妨礙周遭車輛行進。不過，某些車輛由於車輛本身因素使然，它的駕駛人就算確認過側鏡和後視鏡的影像，也做過目視檢查，還是很難確保車身斜後方的視線。這是因為，車體結構在以空氣力學特性、碰撞安全性、行駛性能為優先考量的設計下，後車窗的最後面那一塊三角窗的面積被犧牲掉，只剩下小小一塊。

　　要彌補如此設計所造成斜後方視線不足的問題，裝設CCD相機監視斜後方或許算是有效的方法。裝設超迷你相機，不但不影響車身外觀，還能提供死角部位的影像。不過，利用相機這項方法也有缺點，就是駕駛人必須自己操作系統畫面，才能確認死角部位的影像，有時候反倒成為危險駕駛的原因。

　　有鑑於此，馬自達為現行車Atenza（Mazda 6）採用「**後方障礙物警報系統**」（Rear Vehicle Monitoring System），以支援低車頂篷與斜斜延伸的樑柱（車樑）延伸的**斜後方視線死角部位**。有了這套系統，駕駛人就能憑藉雷達得知位於汽車的左或右後方的車輛。當汽車行駛在高速公路等道路上，並以時速60公里以上的速度進行車道變更，且當後方障礙物警報系統的雷達偵測到斜後方有其他車輛時，系統就會閃爍位於儀表板兩端、靠近側鏡的LED燈，並發出警示音，以提醒駕駛人注意，讓駕駛人在系統的提醒之下暫停變更車道，或是充分確認後方來車之後再繼續變更車道，防範碰撞事故發生。

馬自達的後方障礙物警報系統

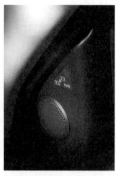

圖片提供：馬自達

當車輛變更行進路線，而且斜後方50公尺之內出現來車時，後方障礙物警報系統就會啟動，閃爍裝配在側鏡基部的警示燈，並從喇叭鳴播警示音，以警告駕駛人，提醒駕駛人再次利用後視鏡，或直接以目視方式確認後方來車，以確保在安全的狀態下完成路線變更。

賓士的車道安全系統「Lane Safety Package」

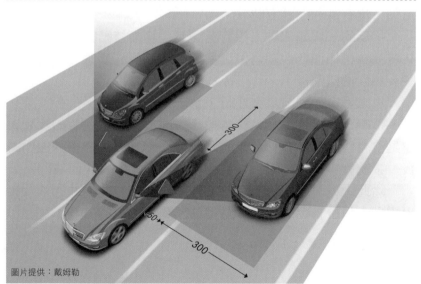

圖片提供：戴姆勒

車身較大的汽車容易產生視線死角。賓士所開發的車道安全系統「Lane Safety Package」，即是協助駕駛人消除視線死角的警報系統。

智慧型油門踏板

——操作油門與煞車以預防碰撞事故

2.08

相信任何駕駛人都曾有過在開車時眼睛張望別的地方，或是思考事情的經驗。然而在開車時這樣分心，很可能會來不及注意到前方路況發生變化，而釀成重大車禍。

對此，日產汽車研發出一款獨特的「**智慧型油門踏板**」（Pedal Control System），實現了輔助駕駛人安全駕車的理想。

日產的智慧型油門踏板，是一套利用雷達感測器隨時偵測本車與前車的距離，並**依照行車距離與相對速度做出適當反應的系統**。

首先來看看，當本車與前車距離過度接近時，智慧型油門踏板會如何因應？此時，如果駕駛人有注意到車距過近而收回油門，系統就會自動作動煞車，輔助駕駛人降低車速（僅限於駕駛人沒有踩油門踏板時）。

相反的，假如駕駛人沒有意識到危險而持續踩油門踏板，系統就會指揮油門致動器做出推回油門踏板的反應，以催促駕駛人收回油門踏板。

再來看看遇到前車減速時，系統會有什麼反應？

這時，系統會先顯示警告標示、鳴放警示音。假如駕駛人還是沒有注意到本車與前車的距離愈來愈近，仍持續踩油門踏板，系統就會把油門踏板推回去，以催促駕駛人收回油門。

除此之外，德國也有汽車零件廠研發一款能讓油門踏板發出震動，以警告駕駛人的智慧型油門踏板。

智慧型油門踏板的運作機制

當駕駛人發覺前車減速而收回油門時，智慧型油門踏板會配合本車與前車的車間距離，自動作動煞車，讓車子迅速且平順地將速度減慢下來。當本車與前車的車間距離過短，而駕駛人還在繼續踩油門時，系統就會在儀表板顯示警示、鳴放警示音，並且施力將油門踏板推回去。

圖片與照片提供：日產汽車

智慧型油門踏板系統

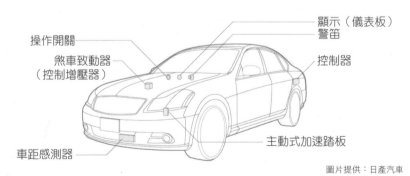

操作開關

顯示（儀表板）
警笛

煞車致動器
（控制增壓器）

控制器

車距感測器

主動式加速踏板

圖片提供：日產汽車

車道、車距與車速的駕駛輔助系統
——讓高速駕駛舒適又安全

2.09

　　一條看起來筆直的道路，可能會在某些路段微微打彎，或在某些路段出現車道或路面寬幅增減的情形。有時還可能出現幾處隆起、塌陷或傾斜的路面，打亂車輛的行進路線。所以說，想要隨時讓車輛行駛在車道的中央路線上，不如想像中那樣容易。不過話說回來，在車流量大的道路上忽左忽右的駕車方式，也很容易太過接近前後左右的其他車輛而招來危險。

　　於是，汽車廠便應用駕駛人輔助系統，來協助車輛在車道內順暢行駛。本田汽車的智慧型駕駛人輔助系統「HiDS」（Honda intelligent Driver-support System）就是一例。本田汽車的HiDS，乃是將「車道維持系統（LKAS）」（Lane Keep Assist System）與能夠監控車速與行車間距的「智慧型高速公路巡航控制系統（IHCC）」（Intelligent Highway Cruise Control）結合在一起，帶給駕駛人既舒適又安全的高速行駛經驗。

　　LKAS的作動方式，是先透過裝設於前擋風玻璃的CMOS攝影機，拍攝車道影像後，利用系統辨識影像中的車道標線，然後指揮電動動力方向盤配合車道標線自動轉向，以協助車輛行駛於車道內。至於IHCC則是在前擋風玻璃框裝設微波雷達，**利用微波雷達偵測本車與前車的行車距離，配合兩車距離自動調整車速，同時控制車距。**

　　例如在彎道半徑較大的高速公路時，就可以利用這樣的車道維持系統，協助車輛行駛於車道中。當然，在駕駛人想要操控方向盤以變更車道或迴避危險時，這套系統並不會造成妨礙。另外，當駕駛人的手離開方向盤時，HiDS也會閃爍警示燈警告駕駛人，隨即自動解除方向盤操作支援任務，因為這套支援裝置的目的，只是為了讓駕駛人能夠從容不迫地駕控車輛而已。

HiDS 的系統組成

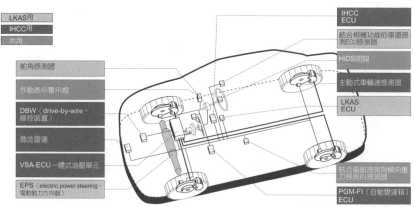

- LKAS用
- IHCC用
- 共用

- 舵角感測器
- 作動表示警示燈
- DBW（drive-by-wire，線控裝置）
- 微波雷達
- VSA-ECU一體式油壓單元
- EPS（electric power steering，電動動力方向盤）

- IHCC ECU
- 結合相機功能的車道感測ECU感測器
- HiDS開關
- 主動式車輪速感測器
- LKAS ECU
- 結合偏航感測與橫向重力感測的感測器
- PGM-FI（自動變速箱）ECU

圖片提供：本田技研工業

HiDS 的操作鍵

操作鍵就安排在方向盤上，操作起來相當便捷。

車道維持系統（LKAS）的作動畫面

顯示於車輛兩側的標線即為車道。

智慧型高速公路巡航控制系統（IHCC）的作動畫面

僅顯示車速與行車間距，車輛兩側沒有標示車道線。

液晶儀表板
——利用液晶面板，變化顯示資訊更自在

2.10

儀表板是提供駕駛人各項行車資料的重要資訊顯示器。在車輛行駛當中，駕駛人必須瞥一眼儀表板就能掌握到所需要的資訊。

儀表板的各項設計與裝置，包含許多車廠爲了確使駕駛人容易判讀所下的工夫。除了滿足容易判讀的特性，如何顯示更多對駕駛人有幫助的行車資訊，就得看儀表板的本事到哪裡了。

以傳統的儀表板而言，行車時速、引擎轉數、儲油量等項目各以自由獨立的計量表顯示，儀表板只是單純地將各個計量表組合、配置在版面上。但是近來已有部分車款**將液晶面板導入儀表板中，並配合資訊靈活變化顯示模式**。而且，採用液晶儀表板的車款已有增加的趨勢。

以豐田「皇冠」的「油電混合動力車版」的儀表板「**Fine Graphic Meter**」爲例，整塊儀表板由一片液晶面板構成，可以配合行駛狀態，自由切換顯示項目與視覺風格。例如在夜間行駛時選用夜視模式，當系統偵測到人或動物，就會立刻以大畫面將影像顯示在儀表板的中央位置，以提醒駕駛人注意。

相信今後還會有更多車款將陸續採用液晶面板式的儀表板。因爲當液晶面板的價格便宜下來以後，基於成本考量，液晶儀表板將會取代傳統搭載指針式計量表的儀表板，以減少讓指針式計量表的指針正確指示（決定指針位置）的步進馬達，以及相關控制軟體的成本。

豐田汽車的液晶儀表板的各種顯示模式

跑車模式

當駕駛從儀表板上方的行車控制模式選單中選擇「跑車模式」，除了懸吊模式和傳動模式切換成跑車模式外，儀表板的顯示色調也會跟著切換成紅色調，在提供駕駛所重視的資訊之餘，也提供符合駕駛情境的視覺感受，讓駕駛人充分享受駕駛樂趣。

節能模式

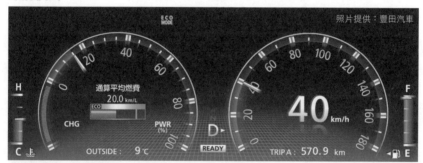

當駕駛選擇「節能模式」，儀表板的顯示色調就會切換成藍色調，而傳動模式也會切換成以節省燃料為目標的模式。節能模式的顯示畫面很接近一般模式的畫面，但是顯示資訊更為單純，油耗狀態一目瞭然。左側儀表內部還附「能源監控顯示」，讓駕駛人能夠輕易了解充電和馬達驅動的狀況。

夜視模式

照片提供：豐田汽車

夜視模式啟動以後，儀表板上會以大幅畫面顯示夜視景象。當照明只剩下大燈，不足以看清前方路人時，就可利用夜視模式，加強顯示肉眼不容易辨識的人物景象。在夜視模式之下，行車時速僅以數字顯示，引擎的狀態則是省略不做顯示，以將行車資訊濃縮到所需的最低限度。

防酒駕系統
——徹底實施「醉不上道」

2.11

　　交通事故不僅讓被害者遭遇不幸，就連加害者往往也難逃不幸，是會令許多人的生活陷入悲慘狀況。日本雖然立法重罰飲酒駕駛和酒氣未退的駕駛人，可惜依然無法成為「零酒駕」的國度。

　　最近，豐田汽車正在著手開發的「**防酒駕中控鎖**」（Alcohol Interlock），在防止酒醉駕駛話題上相當受到矚目。它是一種裝設於汽車上的防酒駕系統，駕駛人在發動引擎之前，必須先對外觀像麥克風的酒測裝置呼氣，接受酒精濃度檢測。

　　一旦酒測裝置檢測出駕駛人呼氣含有的酒精濃度超過標準，防酒駕系統就會**發出警報**，提醒駕駛人注意。同時，系統還會視酒測值的超標程度，決定是否**啟動中控鎖**（控制車輛的啟動迴路，讓引擎無法啟動），以拒絕駕駛人發動引擎。而且，引擎一旦遭到鎖定，駕駛人就必須和管理人聯絡，才有辦法解除引擎鎖定。

　　另外，防酒駕系統還配備數位相機，記錄飲酒駕駛人的長相以釐清責任，避免他人冒充。而最新的防酒駕系統更配備濕度等相關檢測裝置，以判定接受檢測的氣體是否真為人類所呼出的氣體。

　　初期開發的防酒駕系統，駕駛人必須用嘴巴銜住酒測裝置才能進行檢測，有衛生方面的疑慮。不過，新式的酒測裝置已經排除這項衛生問題了。

　　現在，豐田汽車正和日野汽車、運輸業者等聯手，針對旗下所開發的防酒駕系統實施效果檢證作業。相信社會大眾也都相當期待能夠有效防止酒駕技術真正導入實際應用的那一天！

豐田的防酒駕系統

照片提供：豐田汽車

圖片為豐田正為運輸業者開發的防酒駕檢測裝置。駕駛人只要對該裝置呼氣，該裝置就能測量所呼出氣體的酒精濃度。若酒精檢測值超過標準，系統就會發出警告，喚起駕駛人的注意，同時，ECU也會將引擎鎖定，不讓駕駛人發動汽車。

日產的防酒駕概念車

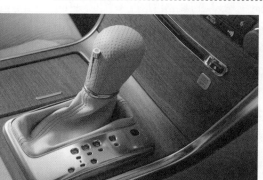

這款概念車在排檔握把內安裝酒精感測器，以檢測駕駛人的手汗是否含有酒精成分。一旦檢測出酒精成分，系統就會鎖定排檔，不讓駕駛人開動汽車。此外，乘客的座椅周圍也有安裝酒氣感測器，一旦檢測出酒氣，系統就會發出警示音，並且在汽車導航畫面顯示警告標示。

照片提供：日產汽車

高速公路逆向行駛預防系統

——結合GPS，預防逆向行駛

2.12

一般駕駛人或許很難相信，在高速公路等道路逆向行駛而釀成車禍的事件其實不曾絕跡。會在高速公路上逆向行駛，通常是因為分不清休息站的出入口，或是被複雜的交流系統混淆方向而誤入逆向車道。

由於高速公路等道路設有中央分隔島，徹底讓車流方向相反的道路獨立於分隔島的兩側，所以當駕駛人發覺自己正在逆向行駛時，就算距離下一個出口還有好長一段距離，也只能硬著頭皮一路逆向到底。

在高速公路上逆向行駛也是重大交通事故的肇事原因之一。而逆向行駛的發生原因，尤以新手或高齡駕駛人誤判車道最為常見。這對人口不斷朝高齡化發展的日本社會而言，是不可輕忽的問題。

於是，日本便從電子輔助系統，以及改良道路結構兩方面著手，希望能在某種程度上彌補駕駛人的錯誤判斷，預防逆向行駛事件發生。

自2009年起，負責管理高速公路的中日本高速公路與日產汽車聯手，開發逆向行駛警報系統，利用衛星導航系統的GPS，搭配詳盡的地圖資訊與最新電子程式，預防駕駛人逆向行駛。

藉由衛星定位，當系統從車輛的位置和行進方向，判斷車輛已經在休息站或交流道附近逆向行駛時，系統就會在導航畫面上播放警告標語，同時播放警示音，以喚起駕駛人的注意。不過，科技日新月異，說不定今後還會發展出一發現駕駛人有逆向行駛的可能，就立刻自動停止行駛的安全系統呢！

應用GPS技術的防止逆向行駛系統

照片提供：日產汽車

防止逆向行駛系統會應用衛星導航系統的新機能與詳細的地圖資料，一旦發現車輛逆向行駛在休息站或交流道附近，系統就會播放警示音與警示畫面，以提醒駕駛人注意。

長坡道提醒功能

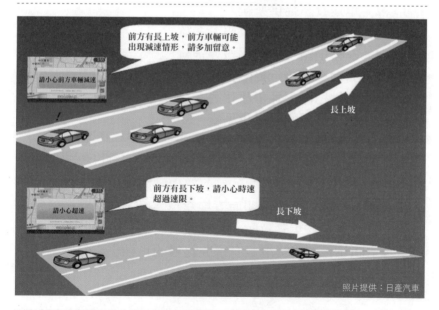

照片提供：日產汽車

利用GPS的衛星定位功能，當車輛即將進入車速可能會不知不覺減慢的長上坡，或是車速可能會不知不覺增快的長下坡時，導航系統就會發出警告訊息。

安全駕駛輔助系統
——為行駛中的車輛提供資訊

日本警察廳與汽車廠等民間企業共同開發路車協調型「安全駕駛輔助系統」（Driver Safety Support System；DSSS），會在視線不佳的交叉路口等路段提供相關交通資訊給駕駛人，以避免交叉路口發生碰撞事故。該系統是在交叉路口設置感應器、監視器、信號發報器等裝置，隨時偵測路口是否有汽車、腳踏機車或行人通過，並將相關資訊提供給路口附近的車輛。

另外，該開發計畫打算進一步利用光標（optical beacon）收發訊號，讓汽車導航畫面也能播放該系統發送的交通訊息。不過這項進階計畫目前仍處於實驗階段。已擬定的具體開發項目如下：

(1) 交通事故情況報導系統
(2) 車速資訊提供系統
(3) 交叉路口交通事故報導系統
(4) 左轉道路交通路況報導系統
(5) 對向來車接近提醒系統
(6) 右轉道路交通事故報導系統
(7) 行人穿越訊息提供系統
(8) 危險地帶迴避訊息提供系統

綜合以上道路訊息的安全駕駛輔助系統，可以提醒車輛駕駛人正在接近事故頻繁發生的交叉路口時多加留意。當系統發現有車輛未依規定暫停再開而直接穿越路口，或遇到紅燈卻未減速，就會判定該車輛駕駛人可能沒有看到交通信號或標誌而發送警告訊息，同時提醒具有優先路權的車輛小心通過。

以視線不佳的交叉路口為例

圖片提供：新交通管理系統協會

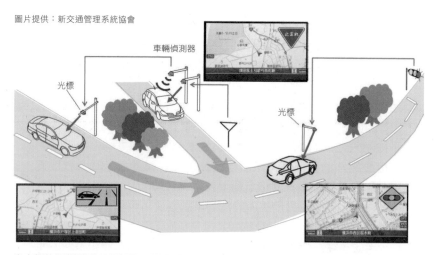

當車輛偵測器發現必須暫停再開的道路出現車輛時，安全駕駛輔助系統就會利用光標發送訊息提醒該車輛暫時停止。同時，也會利用光標對行駛在有優先路權道路上的車輛發送訊息，提醒有其他車輛正要從交叉路口進入，以降低交通事故的發生率。

視線不佳的彎道預報

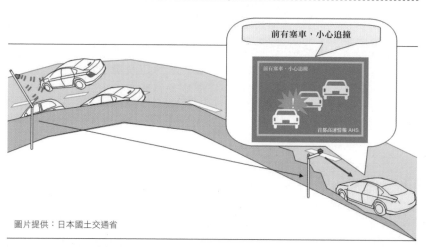

圖片提供：日本國土交通省

上圖為「前方路況訊息提供系統」，由路旁偵測器偵測在急轉彎等前方路視線不佳的道路上是否有慢速車輛或塞車陣末端車輛，如有發現，就利用光標發送訊息提醒後方來車注意。這是日本國土交通省所規劃的「聰明道路計畫」（Smart Way Project）下的一項開發計畫，它的系統和安全駕駛支援系統非常類似，目的都是將不容易察覺的交通狀況提供給駕駛人，以防範交通事故於未然。

COLUMN 2　汽油哪天會用完呢？

　　油電混合動力車和電動車（EV）之所以受到關注，不只是因為大家想要減慢地球溫室效應的發展速度，或是降低空氣污染的程度。原油價格飆漲，連帶推升由原油精緻提煉的汽油、柴油價格也是重要原因。

　　因此，用車人便將焦點轉移到油電混合動力車或電動車等更不依賴汽油或柴油、不用任憑燃油價格擺布的車輛上。那麼，在這股趨勢的影響下，汽油車就要迅速消聲匿跡了嗎？就現實層面來說，汽油車不會這麼簡單就退隱江湖。

　　首先，單是等目前生產的汽油車到達使用年限，就仍有好長一段時間。

　　再說，從三十年前開始，就有研究報導宣稱汽油和柴油的原料——原油「再過五十年就要枯竭了」。結果，現在的說法是可能「還有五十年可以利用」。原油殘存量說法轉變，或許和開採技術進步、原油價格飆升，過去因為不合開採成本，而放棄開採的油田如今重新被列入計算，或是油田探勘技術進步有關。

　　此外，利用植物提煉「**生質燃料**」，從藻類中發現生產石油的微生物，以及利用冰封在凍土之下或海底，由甲烷氣體和水凍結組成的「**甲烷氣水包合物**」做為能源以及增加能源來源的研究都已在進行，假如可以利用植物或藻類製造出成本低廉的燃料、車廠也競相研發高性能的車用電池，那麼汽車引擎方面應該也會持續研發出更有效的能源利用技術。

第3章

減輕事故傷害的高科技

或許無論駕駛人多麼細心注意，
也很難達到不讓事故發生的理想。
但是，一旦事故發生，
盡可能減輕傷害程度的理想則是可以達到的。
本章即將為各位解說各種守護乘車者與行人生命安全的汽車高科技。

照片提供：日產汽車
上圖為日產汽車參加美國「路車協調系統開發計
畫」所研發的「不會發生碰撞事故的汽車」。這輛
車所搭載的路車協調系統，不但會發訊息警告駕駛
人有其他車輛正在接近，當前方交通信號為紅燈
時，系統還有自動停車機能。

駕駛座專用安全氣囊
——避免駕駛人突然猛烈撞上前擋風玻璃

3.01

  駕駛座專用安全氣囊是在車子與前方發生碰撞事故的瞬間作動，以免駕駛人突然猛烈撞上前擋風玻璃的安全裝置；通常收納在方向盤的中間位置，在危險發生的瞬間膨脹，以發揮緩衝功能。

  接下來再爲各位解說安全氣囊的作動機制。首先，裝設於車體的感應器偵測到撞擊，便對控制安全氣囊的ECU發送信號，接收信號的ECU接收到信號後，作動安裝在方向盤內部的安全氣囊模組中的充氣裝置，啓用安全氣囊。根據撞擊試驗估算獲得的數據，**從感應器偵測到撞擊，到安全氣囊充氣彈出所需的時間，僅僅0.03秒。**

  其實，安全氣囊最早是日本人爲了提升飛機與列車安全而發明的。只可惜，安全氣囊問世後遲遲無法進入實際應用階段，原因是要讓安全氣囊在瞬間充氣彈出，需要借助火藥的爆發力。這樣的裝置無論在日本或是在歐洲都是史無前例的，因此政府方面遲遲不肯爲必須使用火藥的安全氣囊頒布使用許可。

  儘管如此，在等待使用許可通過的期間，德國賓士汽車仍從不間斷傾力研究，終於在耗費十三年歲月，歷經數千次藉由實驗之後，累積豐富的數據資料，並在行政當局的親眼見證之下，實際操作證明安全氣囊優異的安全性能以及使用火藥的安全性。

  最後順道一提。安全氣囊的正式名稱是「**輔助固定裝置**」（Supplemental Restraint System；SRS）。顧名思義，安全氣囊充其量只是輔助性質的安全裝置，駕駛人自己如果沒有使用安全帶固定身體，並將安全帶繫在正確位置，安全氣囊的保護效果也會隨之大幅降低。

駕駛座專用安全氣囊剖面圖

氣囊本體

充氣裝置

駕駛座的安全氣囊安裝在方向盤中央。由於安裝位置非常接近駕駛人，所以安全氣囊必須在極短時間內作動才能順利發揮效用，因此需要利用火藥的爆發力幫助氣囊迅速膨脹。

照片提供：戴姆勒

安全氣囊模組

安全氣囊一經使用便無法再次利用，屬於拋棄式的耗材。假如汽車受到撞擊，但是汽車的受損情形不是很嚴重，那麼換顆新的安全氣囊，再把損壞的車體部分修一修，車子就可以再開了。所以，車廠將折疊式的安全氣囊和充氣裝置設計成模組，安裝在方向盤中央。

照片提供：美國德爾福公司（Delphi Corporation）

駕駛座專用安全氣囊作動時的情景

安全氣囊的作動時機僅限於車體受到一定程度以上撞擊時。感應器一旦偵測到撞擊，安全氣囊就會瞬間充氣彈出，以保護駕駛人的頭部，並且在充氣彈出的下一個瞬間洩出氣體，迅速降低氣囊內部壓力，以緩和頭部所受到的撞擊。

照片提供：BMW

副駕駛座專用安全氣囊
——因應與駕駛座大不相同的需求

　　或許有人會因為副駕駛座的空間比駕駛座大，就認為副駕駛座的安全設施只要有安全帶就很足夠。其實，單憑安全帶保護力是不夠的。因為碰撞事故帶來的撞擊力道之大，往往超乎想像。在撞擊發生的瞬間，不只安全帶會被拉長，連乘客的身體也會因為安全帶的束綁而向中央彎折，副駕駛座乘客因此撞上前擋風玻璃或儀表板的例子時有所聞。

　　因此，車廠也針對副駕駛座開發專用安全氣囊。副駕駛座乘客的身體距離安全氣囊較遠，因此必須使用**體積比駕駛座還大的安全氣囊**。當然，供副駕駛座使用的充氣裝置規格，也必須比駕駛座更強力、更大型才足以應付。

　　副駕駛座專用安全氣囊不只在容量規格上比駕駛座專用的還大，它的膨脹方式也經過精心設計。例如膨脹的方向，就是依據膨脹產生的壓力和氣囊的形狀而設計的。

　　部分類型的副駕駛座專用安全氣囊還能配合撞擊強度，**分兩階段調整膨脹壓力，以保護乘客在碰撞事故發生時的安全。**分段調整膨脹壓力的原因，是在撞擊力道較強的情況下，副駕駛座乘客的頭部很可能會直接往前撞上前擋風玻璃，而在撞擊力道較弱時，則以點頭姿勢撞上儀表板的情形居多。

　　此外，前方碰撞事故發生時，受傷部位並不限於上半身，所以愈來愈多汽車也採用膝部專用安全氣囊，以保護副駕駛座乘客的下肢。

副駕駛座專用安全氣囊剖面圖

安全氣囊本體

充氣裝置

照片提供：戴姆勒

現在，安全氣囊不是駕駛座獨有的專屬配備，為副駕駛座配備安全氣囊也成為一般安全常識。在副駕駛座安全氣囊問世以後，乘車中的死亡事故已大幅減少。

安全氣囊作動瞬間的照片

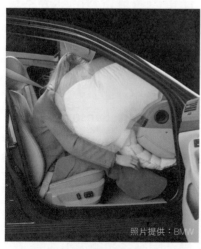

照片提供：BMW

比起駕駛座，副駕駛座距離儀表板的距離稍遠一些，空間也稍大一些，因此需要使用比駕駛座大型的安全氣囊。如照片所示，副駕駛座乘客不只有上半身需要保護，膝蓋以下也很需要利用膝部專用安全氣囊加以保護。

膝部專用安全氣囊

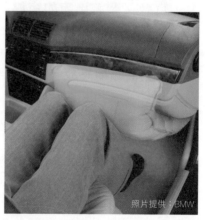

照片提供：BMW

前方碰撞事故發生時，前座乘客可能受傷的部位並不限於上半身，有時候因為乘坐姿勢的關係，膝部會和置物箱發生強烈碰撞而受傷，所以前座乘客還需要膝部專用安全氣囊加以保護。有了膝部與副駕駛座專用安全氣囊的雙重保護，一旦前方發生碰撞事故，將可大幅減輕前座乘客受傷的程度。

側邊防護用安全氣囊與安全氣簾
——大幅減低側面撞擊所造成的傷害

　　碰撞事故不一定來自對向車輛或前方障礙物。在交叉路口，因為其他車輛從側邊衝撞過來所造成的「側向碰撞事故」的發生機率也很高。所以近年來，減輕側向碰撞事故傷害的安全措施也很受到重視。而在提高車體耐側撞性能的同時，車廠也開發能夠保護乘客的安全裝置，以因應日益受到重視的安全需求。

　　「側邊防護用安全氣囊」就是在這種考量之下所誕生的第三種安全氣囊。有關側向安全氣囊的裝設位置，車廠各有不同的考量，目前有裝設在門板內側及座椅側邊兩種型式。不過，無論裝設在哪裡，它的目的與效果都一樣，都是在車輛受到側向撞擊時充氣彈出，以保護乘客安全。

　　在側邊安全氣囊問世之後，為了更進一步加強保護頭部安全，車廠又開發出宛如窗簾般，從車內遮覆車窗的「安全氣簾」。一旦車輛遭受側向撞擊，內藏於靠枕或天花板的安全氣簾便會充氣彈出，以保護乘客的頭部。

　　在側向碰撞事故發生時，由於乘客和撞擊物的距離相當接近，車廠於是開發反應較重力感測器（Gravity Sensor；g-sensor）靈敏的「聲音感測器」（Acoustic Sensor），利用車門或車體內部的氣壓變化作動安全氣囊。

　　最新款汽車的安全氣囊數量多達十個，幾乎到了前後乘客都可受到完整支撐保護的程度。不過，在實際使用上，所有安全氣囊並不會在同一時間一起彈出來。安全氣囊的控制系統會依照撞擊的力道與來源方向，選擇作動位置合適的安全氣囊。預備這麼多安全氣囊的用意，乃是為了周全因應各類碰撞事故。

位於座位之間的安全氣囊

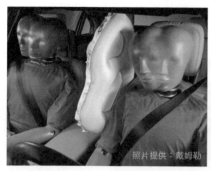

照片提供：戴姆勒

高級車的安全防護更加徹底，除了加配側邊防護用安全氣囊、安全氣簾，就連座位之間也備有安全氣囊。當前方發生碰撞時，收藏於天花板的安全氣囊會降落在乘客前面；當側向撞擊發生時，收藏於座位之間的安全氣囊會彈出把乘客的頭部隔開，避免乘客互撞而受傷。

安全氣簾

照片提供：BMW

這是為了加強保護頭部所開發的安全氣簾。顧名思義，它會像窗簾一般遮覆車窗，以避免乘客的頭部受到猛烈撞擊。

側邊防護用安全氣囊

照片提供：BMW

收藏在儀表板或方向盤內的正副駕駛專用安全氣囊，對於斜前方或側向撞擊不具防護效果，因此車廠又開發側邊防護用安全氣囊做為因應。側邊防護用安全氣囊平時收納於車門板或座椅之中，一旦發生碰撞事故，以便在瞬間彈出支撐乘客的身體，避免乘客的身體猛烈撞上車門。

預縮式安全帶
──兼顧舒適性與穩固性能

3.04

在汽車行進當中，繫安全帶是乘客的義務。但在碰撞事故發生時，安全帶並非安全的萬全保證。在碰撞事故發生時，乘客的身體可能會因爲有安全帶綁著而向中央彎折，同時因爲安全帶受力伸長、喪失緊束功能而飛離座位。所以，賽車選手總是將安全帶束到最緊，以確保安全帶能夠將身體牢牢固定在座椅上。

但要一般人乘車行駛於一般市區街道時，也像賽車選手那樣把安全帶束到那麼緊，恐怕是不切實際的做法。因爲把安全帶繫得那麼緊，會讓人呼吸困難，感覺窘迫難耐。操作簡單、能讓乘客確實繫好，同時又能保有舒適感，才是一般車用安全帶的重點訴求。

「**預縮式安全帶**」在這種訴求之下登場。預縮式安全帶是利用安全帶預縮器（Belt Tensioner），在受到撞擊時，將安全帶的錨頭部分拉回，以達到緊束、固定的功能。

安全帶預縮器的動力可分爲「火藥引爆式」與「彈簧式」兩種。和安全氣囊一樣，火藥引爆式安全帶預縮器也是在車輛受到撞擊時引爆火藥，利用火藥的爆發力拉緊安全帶。至於彈簧式安全帶預縮器，則是預先將力量蓄積在彈簧圈中，在車輛受到撞擊時，再以放開彈簧的方式產生拉力。

雖然乘客在拉動安全帶時會感覺到捲帶裝置的阻力，但是在繫好安全帶後，安全帶的束力就會減弱，以減輕乘客的束縛感。一旦遇到撞擊，預縮式安全帶才又瞬間束緊身體，保護乘客的安全。

預縮式安全帶的作動機制

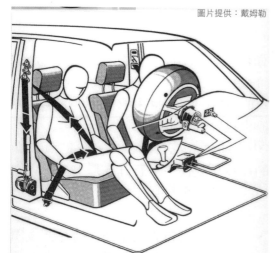

圖片提供：戴姆勒

當發生碰撞事故，在安全氣囊作動的同時，安全帶預縮器也會作動，將安全帶拉緊，以維持安全帶的緊束力，避免安全帶伸長，造成乘客身體向中央彎折且飛離座位的現象，以達到減輕傷害程度的效果。

火藥引爆式安全帶預縮器

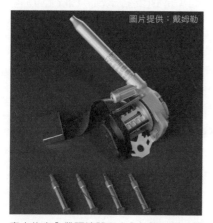

圖片提供：戴姆勒

賓士的安全帶預縮器和安全氣囊一樣，都是利用火藥的瞬間爆發力在瞬間作動。安全帶預縮器的長形唧筒狀零件內有微型發射器，利用發射方式產生牽引力量拉緊安全帶。也有其他車廠選擇利用彈簧蓄積力量的方式產生拉力。

防碰撞安全系統的安全帶預縮器

圖片提供：戴姆勒

馬達

賓士的防碰撞安全系統採用的安全帶預縮器，能在碰撞事故即將發生時預縮安全帶，一方面警示駕駛人，一方面提高安全帶的束力。照片所拍攝的安全帶預縮器配有拉捲安全帶專用馬達。

主動式頭部防護頭枕
──減輕追撞所造成「揮鞭式創傷症候群」的技術

「主動式頭部防護頭枕」（Active Head Restraint）是為了減輕後車追撞所造成的頸椎（頭部）傷害而設計的安全配備，保護對象主要是前車的乘客。在追撞事故當中，前車乘客常因突如其來的後車追撞事故導致頸椎等部位受傷。

根據日本財團法人「交通事故綜合分析中心」的資料顯示，在後方來車所造成的追撞事故當中，有九成以上被害者的受傷部位發生在頸椎部位。此外，單是日本境內，因為後方追撞事故而受傷的人數，一年就高達二十萬人以上。

在後方撞擊發生時，乘客的身體首先被壓回座椅，而後頭頸隨即向後仰、回撞頭枕。所謂主動式頭部防護頭枕，即是利用身體被壓回座椅的力量，**藉由頭枕內部的槓桿裝置讓頭枕向前移動**，縮短頸部與頭枕的距離，以達到支撐頸部，減輕傷害的效果。

縮小頭枕和頸部之間的空間，可以減少因為撞擊搖晃頭部所引起的「揮鞭式創傷症候群」（Whiplash Syndrome）等傷害。主動式頭部防護頭枕能減少四成的頸椎負擔，減少二成以上揮鞭式創傷症候群等傷害形成的機率。就預防揮鞭式創傷症候群而言，裝設主動式頭部防護頭枕是非常有效的自我防衛方式。

最近甚至有高級車款搭載「智慧型頭枕」，利用後方雷達監視後方路況，當系統判斷無法避免後方追撞情形時，系統會在追撞發生前一刻，自動將頭枕往前挪動。

主動式頭部防護頭枕的作動情形

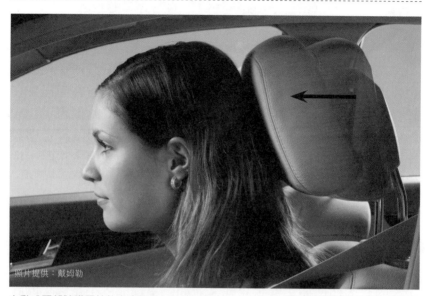

照片提供：戴姆勒

主動式頭部防護頭枕能在車輛受到後車追撞時，利用乘客身體壓在座椅的力量，讓頭枕往上方與前方移動，立即支撐乘客的頭部，抑制頭部晃動，減輕頸椎的負擔。照片為賓士所配備、機能更進化的主動式頭部防護頭枕「Neck-Pro」。

主動式頭部防護頭枕座椅的椅背結構

鋼繩

在海綿結構體之後，是用來支撐身體的鐵板結構。當身體因為強烈撞擊而被壓回座椅時，該力量會帶動鐵板後方的連結鏈牽引鋼繩移動頭枕。

能吸收撞擊衝力的引擎蓋
3.06 ——減輕行人可能承受傷害的貼心車體設計

　　安全氣囊和安全帶可以在碰撞事故發生時，發揮保護乘客的效用。但是，交通事故的傷者並不只有車內的乘客而已。在減少死亡車禍的議題中，如何減輕車禍對於行人的傷害，也成為日益重視的課題。因此，相關安全裝置，例如保險桿造型設計，車廠不再只單純追求空氣力學方面的性能表現，也開始朝如何減輕行人在碰撞事故中所受的傷害發展。

　　根據歐盟的碰撞安全基準，引擎蓋與引擎之間必須保留一定程度以上的空間，這是為了吸收撞擊衝力而預留的。有預留空間，**一旦發生碰撞事故，引擎蓋才有變形的空間**。

　　可是，把引擎蓋架高又有違空氣力學，會影響汽車性能表現。因此，如何滿足安全規範又兼顧汽車性能，不是簡單的課題。據說，當年積架（Jaguar）汽車在決定「XK系列」跑車時，就曾傳出積架為了確保引擎蓋下方的預留空間足夠，結果不能壓低引擎蓋高度的傳言。

　　在這方面，本田汽車和日產汽車雙雙以「**彈升式引擎蓋**」設計，克服了空氣動力學與安全這兩項條件相反，卻又不得不兼顧的課題。這兩家車廠都是在保險桿內裝設碰撞感應器和車速感測器，當這兩組感測器感應到車子與行人等發生碰撞事故，**系統就會立即作動致動器，抬高引擎蓋後端，擴大引擎與引擎蓋之間的空間，以提高吸撞性能**。

　　彈升式引擎蓋設計，不但保全了壓低引擎蓋位置以降低空氣阻力的理想，一旦與行人發生碰撞事故，還能減輕行人可能承受的傷害。

賓士 S-Class 的主動式引擎蓋

作動主動式引擎蓋的ECU

電磁式致動器

碰撞感應器

抬高引擎蓋的鉸鍊

當安裝於保險桿內的碰撞感應器感應到撞擊，ECU就會作動電磁式致動器，瞬間將引擎蓋後端抬升50mm。作動主動式引擎蓋的ECU和作動安全氣囊的ECU是由系統整合控制的。而且，為了方便支撐引擎蓋開閉的後端支點接受安全檢查，它也可以朝反方向抬升。

圖片提供：戴姆勒

本田的彈升式引擎蓋

圖片為本田「傳奇」（Legend）所搭載彈升式引擎蓋彈起後的狀態。有了彈升式引擎蓋這樣的保護裝置，即使車輛不幸撞到行人，也能盡可能減輕行人的傷害。

照片提供：本田技研工業

日產的彈升式引擎蓋的效果

上圖為行人與車輛的碰撞試驗的連環照片——行人與汽車發生碰撞後，行人以汽車的前保險桿和腳部的接觸點為支點倒向汽車的情形。所幸，在彈升式引擎蓋的作用下，引擎蓋瞬間向上抬升，讓行人的頭部與車體的碰撞部位落在厚度較薄的引擎蓋鋼板上，減輕了行人可能承受的撞擊力道。

照片提供：日產汽車

 **COLUMN 3**

在不久的將來，汽車就是空氣清淨機？

　　現在認證的環保汽車所排放的廢氣，有害物質比2005年度日本所頒布的汽車排放廢氣規定足足少了75%，潔淨程度值得讚賞。不過，由於汽油車是現今空氣污染的主要來源，所以可以想見，今後的汽車廢氣規定一定會比現在還要嚴格。可是，利用汽油做為燃料的汽車，已經算是十分潔淨的交通工具了。

　　再說，假如汽車排放廢氣標準愈來愈嚴格，那麼在法規的限制下，說不定到最後，汽車廢氣會比空氣乾淨也不一定呢！各位或許會覺得這種論調太誇張，但這理想其實早在十年前，就由瑞典的紳寶汽車（Saab）帶頭實現了。當時Saab是利用渦輪增壓器，提高引擎的燃燒效率，實現了**汽車排放的廢氣比塞車市區的空氣還乾淨的理想。**

　　近年來，都市地區在空氣污染的影響下，出現臭氧濃度升高的現象。對此，同樣是瑞典出產的富豪汽車（Volvo），則是為汽車導入**「噬煙技術」**（Smog Eater），讓水箱護罩的表面具有觸媒的機能，讓汽車一面行進，一面分解臭氧。

　　由於引擎必須燃燒燃料，所以無法避免產生含有二氧化碳的廢氣。假如以後引擎能夠藉由燃燒由植物提煉而成的生質燃料，達成**「碳平衡」**（Carbon Neutral）的理想，那麼剩餘的廢氣成分幾乎就只剩下水蒸氣而已。這麼一來，引擎就有可能以潔淨動力來源之姿繼續受到利用。

第4章

驅動系統與底盤的高科技

驅動系統與底盤裝置的任務，是將引擎所產生的動力傳導到地面。
本章將要為各位解說運用在傳動軸、懸吊、避震器、輪胎等部位的高科技。

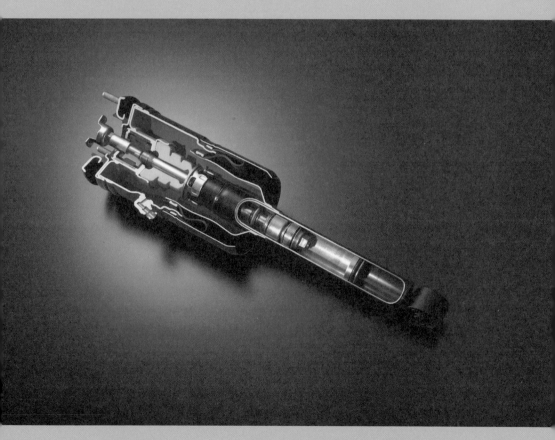

照片提供：豐田汽車
豐田「皇冠」採用的氣壓式懸吊。結合氣墊的優越特
性與可變避震機構，能夠因應更廣大的速度範圍、
乘客量、承載量的變化，兼顧行車穩定性與乘坐舒適
感。

電子控制式八段變速自動變速箱

4.01 ——更順暢、更潔淨

　　汽車要起動時必須讓沉重的車體從零開始加速，所以需要仰賴巨大的動力。至於在高速公路等道路上做定速巡航，則不需要那麼大的動力。而「**自動變速箱**」就是用來應付複雜的路況需求，幫助汽車實現高行駛效率的裝置。

　　變速箱內含數組齒輪，以變化齒輪組合的方式幫助汽車改變速度。例如在起動等需要巨大動力時，就先利用可讓回轉數大減、力量大增的齒輪組合，起動之後再配合行車速度增快，降低減速比率，壓低引擎轉數，換成可以帶出速度的齒輪。

　　汽車變速箱的原理和腳踏車變速器非常類似——變速的段數愈多，表現出的速度領域愈寬廣，行駛效率也就愈好。變速機的段數愈多，愈能縮小各個齒輪的變速比差距，縮小變速所造成的衝擊，車輛行駛起來也就愈平穩、順暢。

　　自動變速箱（Automatic Transmission；AT）的作動是電子控制式的，因此**各個齒輪的銜接可以到達很細緻的地步，能有非常流暢的變速表現**。現在，不論是進口車還是國產車，都可見到八段自動變速箱。就目前而言，八段自動變速箱是自動變速箱的段數之最。高級車之所以能有那麼平穩、流暢的行駛性能，不只要歸功於引擎，自動變速箱的構造和控制方法也有很大的貢獻。此外，性能優越的自動變速箱，還能同時兼顧大排氣量的強勁行駛性能，與節省油耗、潔淨廢氣等環保性能。

ZF公司製八段變速自動變速箱的構造

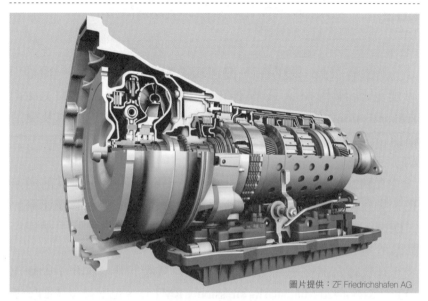

圖片提供：ZF Friedrichshafen AG

德國ZF公司出產的八段變速自動變速箱。它的構造上和一般自動變速箱相同，使用了附鎖定裝置的扭力變換器和行星齒輪。它的特色在於使用了三種行星齒輪，有前進八段、後退一段的變速功能。至於負責切換齒輪的多板離合器採用電子控制單元，因而能有低衝擊度、高流暢度的變速表現。

豐田的八段變速自動變速箱的構造

圖片提供：豐田汽車

豐田集團旗下Lexus採用的八段變速自動變速箱。它的結構基本上和ZF製八段變速自動變速箱相同。雖然兩者在行星齒輪的配置與多板離合器的大小與片數、位置方面略有不同，但是在控制變速的機械結構方面是類似的。從這張照片可以發現，多段變速的自動變速箱是何等精密、複雜的機械結構。

雙離合器變速箱

——實現瞬間變速的新時代手動變速箱

4.02

過去有很長一段期間，變速箱被劃分為兩大類：一類是一切變速動作皆需人為操作的「手動變速箱」（Manual Transmission；MT）；另一類則是中斷或接續動力，以及變速動作皆為自動的「自動變速箱」（Automatic Transmission；AT）。

直到2004年，福斯汽車（Volkswagen）研發出一款前所未見、具有自動變速裝置的創新手動變速箱「雙離合器變速箱」（Direct Shift Gearbox；DSG），長久以來變速箱依手動或自動區分為二種類別的常識才被顛覆。

在雙離合器變速箱問世之前，也有所謂的「自動化手動變速箱」（Robotized Manual Transmission；RMT），也就是以手動變速箱為基礎，但離合器與變速箱皆可自動化操作的變速箱，可惜因為銜放離合器與變速所產生的時間差，會影響汽車行駛的流暢度，不算是發展成熟的產品，所以未能受到普遍採用。

相較於以往的自動化手動變速箱，雙離合器變速箱的根本差異在於**採用變速箱與離合器兩系統並置的配置方式**。就一般手動變速箱而言，接受引擎驅動力的部分是一個系統；負責變速並將驅動力傳導到輪胎的部分又是另一個系統。而雙離合器變速箱卻將接受驅動力的部分劃分為奇數齒輪與偶數齒輪兩個系統，且各自配備專屬的離合器。

在自動變速模式下，雙離合器變速箱接下來會使用到的齒輪早在加速過程中就準備就緒，只待離合器切換便能完成變速動作，具有變速迅速的優點，最快可在0.04秒之內完成變速。而且，由於沒有動力斷斷續續的問題，不只動力損失較少，變速過程也更順暢，可說是兼具變速效率與乘坐舒適性的劃時代變速箱。

雙離合器變速箱的構造

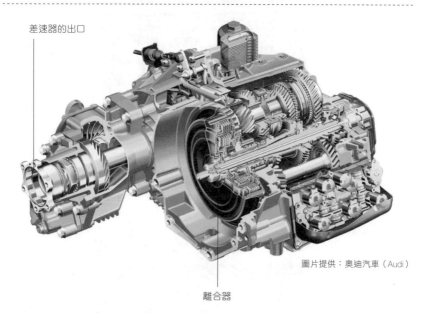

差速器的出口

離合器

圖片提供：奧迪汽車（Audi）

差速器的出口與驅動軸銜接，以便將動力傳導給輪胎。齒輪部分的構造與手動變速箱相同，但變速動作可自動化。雙重離合器結構與並排配置的齒輪是其主要特徵。這款雙離合器變速箱稱作「S-tronic」，是奧迪汽車（Audi）與同屬集團的福斯汽車共同開發之作。

雙離合器變速箱的動作

1檔

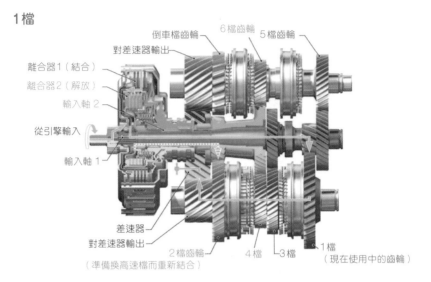

6檔齒輪 5檔齒輪

倒車檔齒輪

對差速器輸出

離合器1（結合）

離合器2（解放）

輸入軸 2

從引擎輸入

輸入軸 1

差速器

對差速器輸出

2檔齒輪 4檔 3檔 1檔

（準備換高速檔而重新結合） （現在使用中的齒輪）

當汽車以一檔行駛時，動力傳導路徑為紅色路徑。加速時，動力傳導路徑為綠色路徑，離合器在開放狀態下和二檔齒輪連結，做為預備。由於是在切換齒輪的同時放開並銜接離合器，動力不會中斷，所以變速動作順暢且快速。

2檔

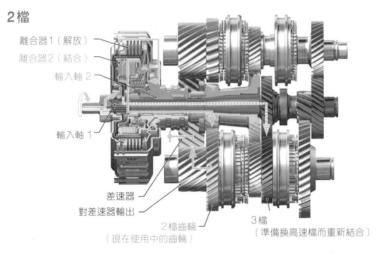

離合器1（解放）

離合器2（結合）

輸入軸 2

輸入軸 1

差速器

對差速器輸出

2檔齒輪 3檔

（現在使用中的齒輪） （準備換高速檔而重新結合）

如綠色部分所示，當以二檔行駛時，如果正在加速，系統就會讓三檔預備；如果正在減速，系統就會讓一檔預備。兩列齒輪的配置方式並不是互相錯置。例如四檔和六檔，就是改變輸入軸的長度，讓同一列的齒輪並排。至於一檔到四檔，則是以同一支輸出軸接受動力，再將動力傳導至差速器。

圖片提供：奧迪汽車（Audi）

保時捷雙離合器自手排變速箱的構造

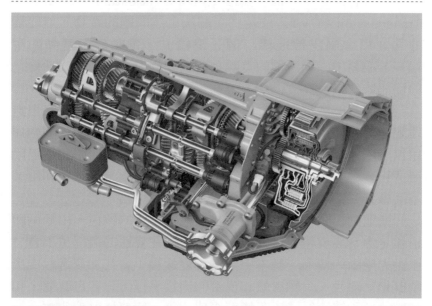

保時捷雙離合器自手排變速箱（Porsche Doppelkupplung；PDK），是由保時捷和
ZF公司共同開發的變速箱。如圖所示，它的結構和雙離合變速箱相近。保時捷雙離合
器自手排變速箱是縱式變速箱，所以不像雙離合變速箱那樣擁有兩排的輸出軸，僅有單
排輸出軸。這種構造的概念和改變雙重結構的輸入軸的長度、使用不同齒輪的概念是一
樣的。

圖片提供：ZF Friedrichshafen AG

無段變速箱（CVT）
——運用金屬皮帶與滑輪的靈活變速箱

4.03

　　增加變速檔是提升變速箱動力傳導效率的有效辦法。但是，變速箱的變速檔一多，構造就複雜，連帶地造價也會比較貴，重量也比較重。而「無段變速箱」（Continously Variable Transmission；CVT）便是為了解決上述問題的產物。無段變速箱運用金屬皮帶連結二個「滑輪」（帶動皮帶轉動的滑輪），並藉由二顆滑輪的寬幅相互改變的方式，產生靈活變化的變速比效果。

　　汽車首度搭載無段變速箱的時間，大約在二十年前。但無段變速箱並非創新研發的機械裝置，機車從很早以前就開始運用無段變速箱了。近幾年來，不只機車，汽車也開始利用無段變速箱。主要利用無段變速箱的車種為小型車，而且在利用率不斷攀升之下，無段變速箱已躍升為注目焦點。

　　變速動作順暢與大變速比是無段變速箱的特色。由於兩顆滑輪是由金屬皮帶連接的，因此即便處在變速的過程也不會發生動力中斷的情形。基本上，無段變速箱不會在加速過程中出現震動。而且，二顆滑輪和皮帶的銜接半徑可以各自改變，和傳統的自動變速箱或手動變速箱比起來，變速比可說非常大，所以排氣量較小的引擎也可以利用無段變速箱彌補動力的不足，從而實現節省油耗的理想。

　　在構造上，由於滑輪和滑輪之間需要一定的相隔空間，所以針對FF小型車所開發出的無段變速箱屬於「**橫臥式無段變速箱**」。不過，近來已有車廠在無段變速箱的皮帶與整體結構上下苦工研究，研發出「**直立式無段變速箱**」。

日產的無段變速箱（剖面模型）

金屬皮帶

扭力變換器

輪胎端的滑輪

引擎端的滑輪

為了啟動順利與增強啟動時的扭力，無段變速箱和自動變速箱一樣採用扭力變換器。由於必須負擔巨大動力傳導的任務，金屬皮帶的質地打造得非常強韌。改變夾住金屬皮帶的滑輪的寬幅，就可以改變皮帶在滑輪上的轉動位置，而變速比就是這樣決定出來。所以，只要慢慢改變滑輪的寬幅，就可以帶出順暢的變速表現。

照片提供：日產汽車

富士重工的無段變速箱

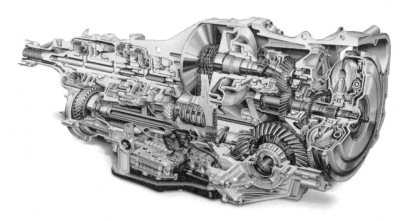

富士重工已將技術門檻高難的直立式無段變速箱化為現實。而幫助跨越門檻的主要技術,應該就是應用幅度較寬的金屬皮帶。

圖片提供:富士重工

豐田的自動無段變速箱

扭力變換器

金屬皮帶

行星齒輪

附鎖定功能的扭力變換器和滑輪之間鑲有行星齒輪。這種組合的優點不只在選用倒車檔時可做反向迴轉,也可以行星齒輪做為減速齒輪和無段變速箱組合,以縮小滑輪的直徑。

照片提供:豐田汽車

富士重工的無段變速箱（皮帶部分）

使用金屬皮帶的皮帶部分，除了重疊鏈條這種做法以外，也運用插銷鏈結鏈條，使無段
變速箱在構造上靈活許多，能因應較小的滑輪徑。

照片提供：富士重工

超級四輪驅動系統SH-AWD

4.04 ──順應行駛狀態自在掌控動力

所謂「四輪驅動」（All Wheel Drive；AWD），是一種藉由四顆輪胎將引擎的動力傳導至路面的傳動方式。相較於「前置引擎、前輪驅動」（Front Eengine Front Drive；FF）或「前置引擎、後輪驅動」（Front Engine Rear Drive；FR）這兩種「二輪驅動」（2WD）方式，四輪驅動更能將動力確實傳導至路面，也是穩定性優異的傳動方式。而本田的高級轎車「傳奇」（Legend）所採用、名為「超級四輪驅動」（Super Handling-all Wheel Drive，簡稱SH-AWD），則將如此高的穩定性能做更進一步運用。

SH-AWD的概念，是利用輪胎輸出到路面的力量，也就是**利用動力提高過彎性能**。SH-AWD技術能在汽車向右轉時，提高彎道的外側，也就是左側後輪的動力，以提升汽車的過彎性能。相反的，當汽車向左轉時，則是提升右側後輪的動力。左右後輪的動力比可以在100：0到0：100之間自由變動。而這都得歸功於位於後輪左右兩側的「**電磁離合器**」。因為電磁離合器能在轉彎時強力銜接將動力傳導至外側後輪的電磁離合器，以產生動力。

此外，拜SH-AWD之賜，不只左右後輪的動力，**就連前後輪的動力也可以配合行駛狀態，在70：30到30：70之間自由變動**。汽車在啟動或直線加速前進時，重心會往後移，所以就在後輪施加動力，以獲得較大的抓地力。在省油行駛時，則增加前輪的驅動力以提高直線前進的穩定性。此外，在容易打滑的路面，則增加後輪的動力以提高穩定性。甚至，當後輪打滑時，此技術還可瞬間增加前輪的動力，使汽車能夠確實地往前行駛。

SH-AWD的構造圖

圖片與照片提供：本田技研工業

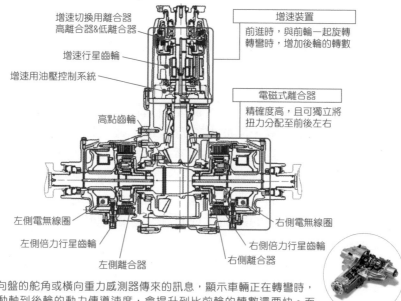

增速切換用離合器
高離合器&低離合器

增速行星齒輪

增速用油壓控制系統

高點齒輪

左側電無線圈

左側倍力行星齒輪

左側離合器

右側電無線圈

右側倍力行星齒輪

右側離合器

增速裝置
前進時，與前輪一起旋轉
轉彎時，增加後輪的轉數

電磁式離合器
精確度高，且可獨立將
扭力分配至前後左右

當方向盤的舵角或橫向重力感測器傳來的訊息，顯示車輛正在轉彎時，
從傳動軸到後輪的動力傳導速度，會提升到比前輪的轉數還要快。而
且，分配到左右兩邊的動力還會一邊利用橫向重力感測器判斷轉彎的強
度，一邊控制電磁離合器。

控制系統配置圖

圖片提供：本田技研工業

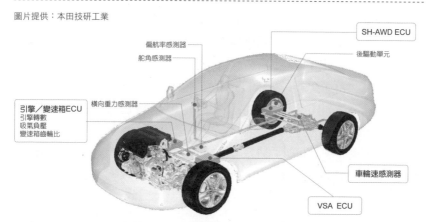

偏航率感測器

舵角感測器

橫向重力感測器

引擎／變速箱ECU
引擎轉數
吸氣負壓
變速箱齒輪比

SH-AWD ECU

後驅動單元

車輪速感測器

VSA ECU

根據舵角感測器、橫向重力感測器、前後重力感測器、偏航率感測器、車輪速感測器等
感測器傳來的資訊，各個ECU（引擎變速箱ECU、VSA　ECU、SH-AWD ECU）會
自行演算出最合適的動力分配方式。

電子式四輪驅動系統

4.05 ——僅在必要時利用馬達驅動後輪的系統

　　四輪驅動是將引擎產出的動力傳導到四顆車輪的傳動方式。這種傳動方式的優點是：即使汽車行駛在容易打滑或是坑坑洞洞等不穩定的路面，也能確實將動力傳導到地面。

　　以往的四輪驅動汽車，需要憑藉複雜的機械裝置才能將動力分配給前後車輪，因此在重量條件上較二輪驅動汽車不利。

　　不過現在，新型四輪驅動系統已經開始普及，主要搭載於以前置引擎、前輪驅動底盤為基礎的油電混合動力車。這種新型四輪驅動系統的主要驅動輪（前輪）由引擎驅動，但是**當汽車行駛於容易打滑的路面，或是在加速前進時，系統則會輔助性地驅動後輪**。

　　例如，豐田的油電混合動力車的電子式四輪驅動系統**「E-Four」**，就是在一般行駛狀態下由引擎驅動前輪；當汽車行駛在容易打滑的路面、加速前進，或以電動車模式行駛時，則由搭載於前後的馬達協助驅動後輪，切換為能幫助車輛穩定行駛的四輪驅動模式。

　　日產汽車專為銷售寒冷地區車款開發的電子式四輪驅動系統**「e・4WD」**也用有相同的機制。雖然e・4WD系統主要是為了提高汽車於寒冷地區低摩擦係數路面（低 μ 路面）的行駛性能，所開發出的驅動系統，卻擁有較以往的四輪驅動系統更為優異的油耗表現。雖然日產的e・4WD車沒有搭載驅動用的電池，稱不上油電混合動力車，但是可以將它想作是簡易版的並聯式油電混合動力車。

　　上述電子式四輪驅動系統由於不需要使用馬達，將引擎的動力藉由傳動軸傳到後輪，所以能夠實現高效率化四輪驅動的理想。

豐田「E-Four」的構造

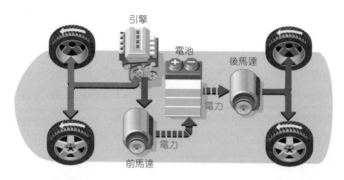

引擎

電池

後馬達

電力

電力

前馬達

一般行駛時

➡ 動力傳導到前輪的順序

因應易打滑路面切換為四輪驅動模式時

➡ 動力傳導到後輪的順序

在一般行駛狀況下，E-Four系統只會讓引擎驅動前輪。當汽車行駛於容易打滑的路面時，才會讓引擎驅動前馬達，讓前馬達為電池充電，再由後馬達以該電力驅動後輪。至於因為小卡車或SUV運動休旅用途而需要強力加速時，則讓引擎與馬達兩者同時提供動力。不過，E-Four系統也有單純利用馬達提供動力的電動車EV模式，能夠因應廣泛的路況需求。

照片提供：豐田汽車

馬達的剖面圖

豐田「E-Four」的馬達。這組馬達可說是短小精幹，單憑這組馬達裝置就能驅動左右後輪。

照片提供：豐田汽車

氣壓式懸吊
——能自由調整車身高度的氣壓式懸吊

4.06

　　汽車可以藉由懸吊系統吸收行進中所受到的衝擊或震動，以提高乘坐舒適性。此外，汽車還可藉由懸吊系統將輪胎往路面壓的力量帶出輪胎的抓地力。在懸吊系統中，彈簧和避震器是負責支撐懸吊上下移動並吸收震動的零件。一般汽車通常以金屬發條做為彈簧。不過在高級車方面，配備利用空氣做為發條的「氣壓式懸吊」已是趨勢。

　　空氣是氣體，不會產生摩擦阻力，而且愈是受到壓縮，反彈愈是激烈，所以具有**受到輕微擠壓時柔軟、受到強力壓縮又會變得堅固耐壓的理想特性**。

　　以往的氣壓式懸吊是在裝彈簧圈的支柱內，塞入橡膠材質的氣囊，以充當彈簧的角色。然後再結合空氣壓縮機，藉由ECU的控制變化車身高度。當乘客較多或積載量較大時，汽車的重心就會往下沉，因而影響到乘坐舒適性與行駛穩定性。這時，氣壓式懸吊便可以增加空氣量的方式墊高車身、調整車身姿勢，以減輕承載重量對於行車穩定性的影響。

　　當汽車行駛於高速公路時，由於幾乎不會遇到路滑造成車身搖晃的情形，懸吊的任務有限。這時，氣壓式懸吊就可以以稍微抽掉一些空氣的方式降低車身高度，提高行車穩定性並減輕空氣阻力。如上所述，氣壓式懸吊具有能夠廣泛因應各種路況的優點。利用氣壓式懸吊，加上下一節所介紹的避震器，汽車就能實現高舒適度、高安全性的理想。

豐田「Lexus LS」的氣壓式懸吊構造圖

照片提供：豐田汽車

在整體構造上，氣壓式懸吊和一般汽車利用金屬彈簧圈製作的懸吊並無不同，只是在構造上多了車身高度感測器、抽送空氣的閥門、輸送壓縮空氣的空氣壓縮機等零件，以及控制各零件用的ECU。

賓士S-Class的氣壓式懸吊

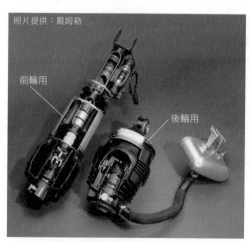

照片提供：戴姆勒

前輪用

後輪用

長度較長的是前輪用的避震器與氣壓式懸吊；長度較短的是後輪用的。空氣彈簧部分採用橡膠材質的氣囊，一方面可以吸收懸吊上下移動所造成的震動，一方面又可保有空氣的彈性。避震器採用的是緩衝力可變式，可以配合氣壓式懸吊能大幅度位移的特性靈活作動，讓汽車無論行駛在市區街道或高速公路，都能擁有絕佳的舒適與穩定性。

電子控制式緩衝力可變避震器
4.07 ——自在平衡乘坐感與行駛性能

　　「避震器」能穩定車身，使乘客乘坐舒適，同時提高汽車的行駛性能，是懸吊系統的主角。在懸吊系統的組成零件中，支撐車身的零件是避震彈簧；左右乘坐舒適感與行車穩定性的零件則是避震器。避震器的任務在於緩和彈簧激烈的伸縮動作，為彈簧提供「緩衝力」。

　　乘車者總是希望在慢速行駛時享有舒服的乘坐感；在高速行駛或行駛於山路時，則要求車身與底盤保有高度的穩定性。

　　因此，只要因應行駛狀況、依照乘客的喜好調整避震器的緩衝力，就能擁有良好的行駛性能表現。

　　避震器原本就有利用電子控制緩衝力的系統，該系統是在發生緩衝力的閥門部分設置調整裝置。電子控制式只是將原本設在閥門部位，調整緩衝力的裝置改為電子控制，讓汽車在行進中也能改變避震器的緩衝力。

　　而且，不只可以由駕駛人依照情況利用開關切換，系統本身也會感測車身姿勢和行進方式，在前後左右的避震器中自動選用合適的，以提高緩衝力穩定車身姿勢。**藉由這種方式，在一般路況下可以享有舒適的乘車感受，在緊急煞車或連續彎路等時，也能自動提高行車穩定性。**

　　最近的高級車之所以能兼顧乘車舒適性與行車穩定性，這種電子控制式緩衝力可變避震器可說是一大功臣。

緩衝力可變式避震器的剖面圖

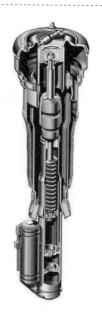

雙層結構的筒子內側，有能夠上下作動的活塞連桿。活塞連桿上下作動時產生的阻力，便是穩定車身的緩衝力來源。這種緩衝力可變式避震器在避免漏油的雙層結構筒的外筒部分，設有能改變流量的閥門，以改變緩衝力。

圖片提供：戴姆勒

氣壓式懸吊用避震器的剖面圖

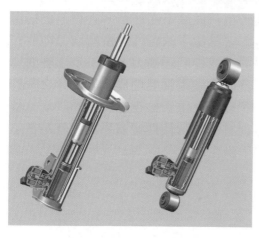

氣壓式懸吊的彈簧部分不是使用金屬材質，而是利用空氣發條，所以擁有優異的吸震性能。不過，為了提高氣壓式懸吊的穩定性，避震器是不可或缺的零件。現在的避震器為了配合氣壓式懸吊的特性，一般都是緩衝力可變型式。緩衝力可變的避震裝置和一般使用線圈式彈簧的懸吊是一樣的。

照片提供：ZF Friedrichshafen AG

緩衝力可變式避震器
──磁性體的控制需要高度技術

4.08

　　產生緩衝力的機械原理，是油通過閥門開啓的孔洞時產生的阻力。因此，爲了改變緩衝力，一般系統會利用各種裝置切換活塞的孔洞大小。

　　不過，現在也有原理、概念完全不同的緩衝力控制系統登場。這種系統的原理非常獨特，是以改變填充在避震器內的油的特性的方式，改變避震器的緩衝力。

　　這種系統的關鍵是**在避震器油內混入磁性體**。一般避震器是用一般的避震器油產生標準的緩衝力。緩衝力可變式避震器則是讓避震器產生電磁力，讓避震器油內的磁性體配合磁場整齊排列，以增加流動阻力。由於磁性體的量也會因爲磁力強度而改變，所以**緩衝力的強弱**可藉由磁力的強弱做調整。美國的汽車零件廠Delphi（德爾福）就有開發緩衝力可變式避震器給通用汽車（GM），德國汽車廠奧迪（Audi）也有採用「**奧迪主動式電磁感應懸吊系統**」（Audi Magnetic Ride）。

　　僅在既有的避震器的構造中追加放置油和磁石，就能使避震器具有緩衝力可變機能，這種做法不僅簡單、大膽，更稱得上是劃時代的發明。但是，要讓微小的磁性體持續均勻地散布在避震器油內，以調整磁力方式控制緩衝力，就不是那麼簡單了。控制緩衝力是利用高性能的微電腦處理器，以千分之一秒的頻率反應車子本身的姿勢變化，重新檢視緩衝力的設定。性能高、可靠度高，但價格便宜的劃時代性避震系統，就是在這樣的發明與技術的融合之下誕生的。

奧迪主動式電磁感應懸吊系統

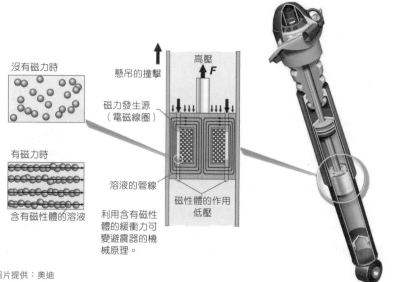

沒有磁力時

有磁力時

含有磁性體的溶液

利用含有磁性體的緩衝力可變避震器的機械原理。

懸吊的撞擊

高壓

F

磁力發生源
（電磁線圈）

溶液的管線

磁性體的作用

低壓

圖片提供：奧迪

避震器內部的活塞內設有電磁線圈。電流以和活塞連結的內連桿為媒介流通其中便會產生磁力，混合在避震器油內的磁性體受到電磁力的影響，便會發生反應而連結在一起，增加避震器油流通活塞時的阻力。藉由改變電磁線圈電流的強度，就能自由增減避震器的緩衝力。在ECU的控制之下，當系統感應到汽車，接受到駕駛人的指示，正在做急轉彎或緊急煞車等動作等，避震器就能依上述方式自行調整緩衝力。

輪內馬達
——幫助提升運動性能、實現寬廣室內空間的機械裝置

4.09

電動車一般是以一具大馬達代替引擎驅動左右驅動輪。不過也有另一種概念，是以增加馬達數量的方式提高效率。

增加馬達數量以代替一具大馬達的電動車，不採用銜接馬達和驅動輪的驅動系統，而是直接利用馬達驅動驅動輪。而實現這種概念的裝置就是「**輪內馬達**」（In-wheel Motor）。輪內馬達就是各個驅動輪各自內藏的馬達。其實，早在電動車登場之初，這樣的裝置就已經存在了。

由於各個輪內馬達可以直接控制所屬驅動輪，所以能有高度的**運動性能**。此外，由於輪內馬達不需要裝設驅動零件，可以節省室內空間，讓室內空間更為寬敞，也能使車身重量更輕盈。工程師和研究者指出，由於輪內馬達沒有動力損失，也不需要傳導動力的零件，因此它的效率是一具必須負責驅動二顆車輪的電動車馬達的兩倍。

不過話說回來，輪內馬達也有缺點。現在絕大部分的電動車車身都很重，需要較大的制動力，所以在車輪內側裝設大型碟煞。這麼一來，輪內馬達的裝設，就不是單純將馬達裝在車輪內側這麼簡單了。

而且，裝設輪內馬達會造成「**彈簧下重量**」的重量增加，而影響到汽車的運動性能。除此之外，防水、防塵、控制精度等都是必須克服的課題。

三菱的「Lancer MIEV」

照片提供：三菱汽車

上圖為搭載輪內馬達的三菱實驗車「Lancer MIEV」。這部車是高性能的四門運動轎跑車的變動車版的模型車。卸下車輪便可看到包覆在煞車外側的大型滾輪。四顆車輪各自裝配有輪內馬達，各個驅動可以分別調控，對於車身姿勢的控制，以及行車穩定性的提升相當有幫助。

輪內馬達

左圖為三菱還在開發階段的輪內馬達。這款輪內馬達是三菱為了裝配於實驗車「Colt」的後輪而開發，搭載於輪轂端的小型馬達裝置。這款高效率的輪內馬達提升了煞車和懸吊的配置自由度。

照片提供：三菱汽車

日產的概念車「PIVO2」

左圖為日產汽車於2007年東京車展所發表的概念車「PIVO2」。這是一款搭載輪內3D馬達和鋰離子電池的高效率電動車。PIVO2的車室空間可以360度迴轉，還備有改變輪胎方向能讓它完全橫著行駛的「Metamo System」，讓你直向停車只要直線前進就行了！

照片提供：日產汽車

防爆輪胎
──爆胎後還能行駛一百公里以上的輪胎

4.10

　　輪胎爆胎以後,不只會使乘客乘坐起來覺得不舒服,破損的輪胎還有可能飛離輪圈,非常危險。而在更換輪胎時,因為後方來車撞擊而遭受二次災害更是時有所聞。終於,在1980年代的前半期,誕生了爆胎後還能繼續行駛的**防爆輪胎**。防爆輪胎的基本特色是在時速80公里時還可以繼續行駛80公里。

　　防爆輪胎原本是為了避免獨自駕車的駕駛人在面臨爆胎狀況時陷入窘境而開發的產品。到了現在,為了因應高速行駛需求,駕駛人對於防爆輪胎的耐爆性能的要求更高,而防爆輪胎也逐漸普及。

　　初期的防爆輪胎除了胎壁強度強韌,還同時加入輪胎即使漏氣也不會從輪圈掉出來的設計。只是這樣的防爆輪胎又重又硬,乘坐起來相當不舒適。於是,之後又有在輪胎內部加裝零件,即使輪胎扁掉,內部也有支撐而能繼續行駛的產品問世。

　　現在的主流產品是加強胎壁的第三代防爆輪胎。輪胎廠為第三代防爆輪胎加入了多種性能,例如**抑制輪胎因為爆胎而扭曲變形所產生的熱能,並利用此熱能抑制輪胎變形,以及利用行駛所產生的風從外側冷卻輪胎**。使用防爆輪胎還可以降低爆胎或是輪胎胎壓降低對乘車舒適性的影響。此外,也有結合輪胎胎壓警報系統的防爆輪胎。

普利司通（Bridgestone）防爆輪胎的構造

鋼絲環帶

胎體（骨架）

胎壁補強橡膠

輪胎結構隨廠牌不同而有若干差異，不過一般都以「鋼絲環帶」（紅色部分）補強「胎體（骨架）」（金色部分）。輪胎最內側呈新月型的橡膠帶是「胎壁補強橡膠層」，作用是在輪胎爆胎、空氣外洩後做為支撐，抑制輪胎變形的程度。最新的防爆輪胎的胎壁補強橡膠層的分子構造更能抑制輪胎發熱，且胎面結構的凹凸紋路設計，能使輪胎受行駛風吹拂而將發熱控制在一定程度以下。

圖片提供：普利司通輪胎

防爆輪胎抑制輪胎變形結構示意圖

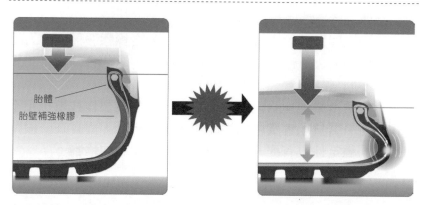

胎體

胎壁補強橡膠

拜先端纖維技術之賜，雖然防爆輪胎在爆胎後仍會扁塌變形，胎壁的胎體（骨架）也會彎曲、發熱，但是胎體會遇熱收縮而變得更堅韌，以抑制胎壁變形（扁塌）的程度。

圖片提供：普利司通輪胎

無釘防滑雪胎

4.11 ──在輪胎廠的研發之下，性能表現逐年提升

現在，雪地專用的**無釘防滑雪胎**不用防滑釘，也不會刮傷道路，是既安全又能兼顧環境保護的雪地輪胎。要雪地輪胎不使用防滑釘又具備良好的抓地能力，實在不是件簡單的事。

輪胎廠為了提高雪地輪胎對抗冰雪環境的性能，在研發、製作上下了許多工夫。讓無釘防滑雪胎在雪地環境發揮抓地力的主要條件有三：

①胎紋（**Tread Pattern**）形狀
②**橡膠素材**
③**橡膠以外的素材**

胎紋利用大花紋塊之間溝槽壓雪，並且利用刻在大花紋塊上的細微溝槽吸收水分，同時利用細微溝槽形成的橡膠角邊緣抓地。

在橡膠素材的選用方面，為了使無釘防滑雪胎具備在低溫環境中不會變硬，又能耐高溫的特性，所以採用以天然橡膠和數種合成橡膠合成的橡膠素材。

至於橡膠以外的素材，選用的是能配合橡膠發揮抓地力的素材，例如溶入氣泡、胡桃殼、玻璃纖維等，依各輪胎廠的設計而有不同。

無釘防滑雪地輪胎自從上市以來，其**研發製作技術每年不斷在創新，對抗冰雪環境的性能年年均有提升**，而且在一般路面行駛的穩定性也有提升，可說是不斷進化中的輪胎。

電子顯微鏡下的無釘防滑雪地輪胎的表面結構

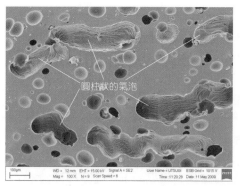

圓柱狀的氣泡

普利司通最新推出的無釘防滑雪地輪胎「BLIZZAK REVO GZ」，其所採用的「發泡橡膠GZ」在顯微鏡下的放大圖。發泡橡膠歷經長年的開發、進化至今，所含有的氣泡不僅是單純的球形氣泡，還有圓柱形氣泡，可以形成水路，吸收受冰雪凍結的路面或是冰雪表面的水膜的水分，使輪胎的抓地力得以發揮。

照片提供：普利司通輪胎

細微溝槽的結構

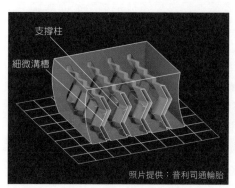

支撐柱

細微溝槽

照片提供：普利司通輪胎

無釘防滑雪地輪胎的各個大花紋塊都有安排細微溝槽。細窄的溝槽可以產生毛細現象，吸收水膜，增加橡膠角，以提高輪胎的抓地力。不過，柔軟的大花紋塊行駛在舖裝道路上時，就會變得滑滑的，有損行車的穩定性。而為了預防細微溝槽造成某種程度的大花紋塊塌倒，細微溝槽被設計成朝向輪胎內部的閃電狀刻痕，成為被稱為「支撐柱」的大花紋塊的支柱，以確保輪胎的剛性。

普利司通輪胎 BLIZZAK REVO GZ 的技術

內側
增加「橫向花紋溝槽」以提高輪胎在雪地道路上的驅動力。

外側
在外側安排大塊的大花紋塊，以提高輪胎在過彎時的剛性。

胎肩部
位於兩側邊角部位的大花紋塊刻上比中心部位密度高的細微溝槽，以提高煞車時的制動效果及排水性能。

圖片提供：普利司通輪胎

COLUMN 4　**高科技汽車配備也是在不斷的試誤過程中用進廢退**

　　如本書所介紹，汽車運用的高科技相當多，但令人遺憾的是，猶如曇花一現的技術也不在少數。有些汽車科技雖然稱得上是創新之舉，但就實際應用層面而言，不是利用價值甚低，就是因為可替代技術的推出而遭受淘汰。

　　就以在雨天中為側鏡去除雨滴的配備為例，以前曾出現過雨刷，以及利用超音波震動原理這兩種除雨滴設備。但是現在，一般汽車普遍改以熱力蒸散側鏡鏡面的水滴。

　　高科技汽車裝備在試誤過程中用進廢退的現象在賽車領域尤其常見。例如F1世界錦標賽在2009年認可搭載「**動能回收系統**」（Kinetic Energy Recovery System；KERS）的賽車參與賽事。所謂動能回收系統，就是將過彎煞車時被視為熱能而捨棄的部分能量暫時貯存起來，留到加速時做為補充動力使用。

　　動能回收系統雖然具有提升加速性能的效果，但由於搭載該系統將造成車重增加，且系統構造複雜，使得多數賽車隊對於是否搭載動能回收系統保持觀望態度。

　　後來，只有兩個賽車團隊繼續使用動能回收系統。到了2010年，**所有賽車團隊已決定不搭載動能回收系統**。至於2011年以後，是否還有賽車隊願意重新採用動能回收系統就不得而知了。說不定，在F1賽車採用電動車以後，根本就不需要動能回收系統了。

第5章

車體的高科技

汽車車體載滿了提供安全與舒適所必須的機能。
例如車上所採用的最新網路系統、
對夜間行駛非常有幫助的新式頭燈、
有助於維持車體美觀的新式塗裝、
以及避免愛車遭竊的防盜裝置,
將在本章為各位解說。

照片提供:博世
上圖為試車員的試車時的實況照片。結構複雜的驅動系
統和懸吊系統測試,以及讓ESC(電子車身穩定系統;
Electronic Stability Control)等安全裝置實際運作的
測試是有危險性的。但是,唯有經過徹底的測試與縝密的
分析,才能確保其效果與可靠程度。

汽車電子控制網路
——配線共用，車體輕量化大貢獻

5.01

　　電可為汽車作動電子零件。不過，對於車用電裝系統而言，電流兼具動力與訊號兩種角色。因為開關一開，電流流通配線，電流便可直接啟動電裝零件。

　　現代的汽車則是**在車體的各個部位搭載微電腦，以電流訊號做為判斷動作的依據**，並以微電腦控制電流流往哪個零件。

　　當然，最終而言，電裝零件會因為電流流通而作動，但詳細來說，車體前後等各個部位都有電流中繼站，以便週邊電裝零件的集中管理。這種設計的好處是可使多個電裝零件共用銅製配線，以達到減輕車體重量之效，而且也有利於實現高複雜度的控制。

　　另外，分布於車體各部位的ECU或引擎的ECU還可藉由信號的回應情形診斷零件是否故障，並將故障情形紀錄在記憶體中，使日後的故障原因推定，以及故障排除等修理工作更加簡單。

　　這種通訊技術是從1990年左右開始應用在汽車上。在應用之初，各個車廠在通訊規格方面各有不同的設定，通信規格非常混亂。直到德國博世開發「**汽車電子控制網路**」（Controller Area Network；CAN），並且受到歐洲與美國汽車廠廣泛採用以後，通訊規格混亂的情形才獲得改善。到了1996年，美國政府規定汽車必須為ECU搭載自我診斷系統後，汽車電子控制網路更為普及，而且開始朝統一規格發展。現在，更有高速通訊規格的汽車電子控制網路問世。

汽車電子控制網路系統配置圖

- ■ 環繞感應器（雷射、動畫）
- ■ 煞車控制系統
- ■ 乘客安全守護系統
- ■ 電子控制動力方向盤
- ■ 汽車電子控制網路系統

資料提供：博世

汽車電子控制網路是網路技術之一，可以連結電動動力方向盤、電子車身穩定系統（ESC）、防碰撞預警系統等各個電子控制單元。通訊技術的規格化不但減輕汽車零件廠與汽車廠在開發成本方面的負擔、縮短開發時程，也使設備檢查更為精確、落實。

汽車用配線大全

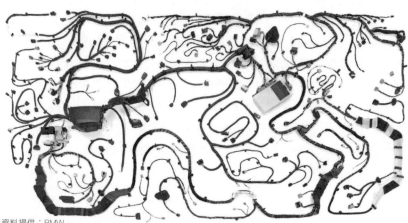

資料提供：BMW

汽車內部四處都有配線分布，形成網路，如同人體的神經網路一般。在1990年代，某些高級車的配線的總長度長達4公里，總重量達50公斤之多。現在，拜汽車電子控制網路之賜，配線的總重量已朝輕量化發展。

放電式頭燈
——提供強力光源，確保夜間視線

就像家庭用照明發展出省電且耐用的螢光燈一樣，汽車的頭燈也被駕駛人要求必須省電、明亮、耐用。而「放電式頭燈」（Discharge Headlamp）便在此要求之下登場。其他例如「高亮度放電式頭燈」（High Intensity Discharge Headlamp；HID），或是「氙氣頭燈」（Xenon Headlamp）等，和本節所介紹的放電式頭燈其實是同一種頭燈，只是不同廠商的不同命名而已。

所謂放電式頭燈，就是對氙氣閥內無接點的兩電極釋放高壓電，讓光源發光的頭燈。這種頭燈的發光原理和豎立在公園或道路旁的水銀街燈一樣，都屬於「複金屬燈」（Metal Halide Lamp）。一般汽車的電流只有12伏特，而放電式頭燈卻能將電流提升到2萬伏特後放電發光。因此，在穩定的狀態下，放電式頭燈的構造可以說和螢光燈非常類似。**放電頭燈的發光量是傳統利用「鹵素燈泡」頭燈的好幾倍，因而能營造出格外明亮的視線。**

放電式頭燈問世不僅使照明亮度大為提升，也使頭燈的設計更為自由，更能顧及空氣阻力與美觀，讓駕駛人享有更快適、更安全的駕駛樂趣。

不過，放電式頭燈所釋放的強力光線卻也衍生出「太過光亮刺眼」的問題。針對放電式頭燈太過光亮刺眼，妨礙對向車及前車視線的問題，目前歐盟已強制規定，汽車必須裝配光軸調整裝置，視乘載人數及載貨量調整頭燈的光軸。

放電式頭燈

照片提供：戴姆勒

上圖為賓士S-Class所採用的放電式頭燈。歐洲習慣稱放電式頭燈為「氙氣頭燈」。在同一具燈殼內，擁有高低光軸切換功能的頭燈稱為「雙氙氣頭燈」。順道一提，本圖所介紹的頭燈為「投射式頭燈」。

不同光源下的視線差異

一般的鹵素燈泡

放電式頭燈

照片提供：戴姆勒

即使使用同一具燈殼，光源不同，所營造的夜間視線就能有如此大的差異。視線愈寬廣，愈能幫助駕駛人清楚辨識行進方向的路況，提早察覺週遭的危險。

主動式頭燈

——與方向盤連動，調整照射方向

5.03

汽車頭燈的照明原理，是先反射光源所釋放的光線，再以鏡片分散光線，將光線照射在目標視線上。1990年代以後，效率更高的「投射式頭燈」問世，使汽車頭燈在光量的利用上更有效率。

顧名思義，投射式頭燈是將光線集中投射，不會擴散光線而浪費光線，和其他相同光量的光源相比，具有視線較明亮的優點。

但也由於投射式頭燈的配光過度集中，所以光線投射不到的部分就很難看得清楚。如果汽車處於直線前進狀態，配光集中的特性並不會造成太大的問題；但如果汽車處於過彎行駛狀態，車頭的正前方並非行進方向時，往往就會造成駕駛人無法看清楚前方道路。

且若頭燈所採用的光源是上一節所介紹的放電式頭燈，光照強烈時，光線愈是照射不到的地方，就會愈顯得黑暗難辨。

因而後來又發展出保留投射燈優越的配光特性，且能配合實際行駛狀態調整配光的光源裝置，也就是本節所要介紹的**「主動式頭燈」**。主動式頭燈是燈具本身可依據電腦從方向盤的舵角及車速等條件計算出的照射角度，**轉換頭燈自身的方向**。

早在1970年代初期，以獨創性汽車工學著稱的法國車廠雪鐵龍（Citroen），就已經將能夠與方向盤連動的頭燈應用在量產車款上了。只是當時該款頭燈的構造太過複雜，性能也還不是很理想，所以沒有普及。現代最新的主動式頭燈，應該可以說是前人創意的復活之作。

配合道路調整照明角度的主動式頭燈

一般頭燈

圖片提供：戴姆勒

主動式頭燈

投射燈具有光線照射不到的地方就很難看清楚的缺點，所以裝配一般投射式頭燈的汽車一旦駛入彎道，駕駛人就會面臨很難看清楚前方道路的窘境（如左圖所示）。主動式頭燈則可依照向盤舵角等條件左右調整光軸位置，配合實際行進路線提供照明（如右圖所示），安全性勝過一般投射式頭燈。

豐田「Lexus RX460h」的主動式頭燈

圖中的主動式頭燈正在示範主動轉向功能。沒開燈那張的汽車正處於直線前進狀態，開燈那張的汽車正處於右彎狀態。對照兩圖可以看出頭燈的方向改變很多。這具主動式頭燈還可配合其他狀況，同時開啟能讓光線擴散照明全體景物的「輔助燈」，讓夜間行駛更有保障。

LED式汽車頭燈
──瞬間點亮平常所需的光量

5.04

　　近年來，「LED」（Light Emitting Diode；發光二極體）取代螢光燈和燈泡，躍升成為注目焦點的光源。所謂的二極體，是組裝在電子迴路中，僅單方向流通電流，且具有整流效果的半導體零件。

　　最初，LED的顏色只有紅色一種，用途也只是確認電子迴路通電之用，發展到後來，終於應用在桌上型電腦顯示器部分等的數位顯示上。

　　LED應用在汽車上，是從當初的「高位煞車燈」（High Mount Stop Lamp）開始的。不但不用擔心電燈泡燒壞的問題，又可以應用比較便宜的紅光發光二極體。而且，發光二極體的體積很小，在配置上非常自由，方便燈具設計成不會妨礙後方視線的寬薄造型。而且，LED的反應速度快過利用電阻發光的電燈泡，可以迅速提醒後車駕駛人前車正在煞車，保障行車安全。

　　最近，汽車將LED燈運用在車體的各個部位。這是在開發「白光LED」，並應用在一般照明以後才開始的。從此之後，**省電、不需要擔心燈泡燒壞及低發熱量的LED燈逐漸取代電燈泡**。後來，白光LED發展為「高輝度白光LED」。到了2007年，便有「LED汽車頭燈」問世。

　　現在的LED汽車頭燈具備省電，並且在一瞬間便可獲得一般時候所需的光量，讓汽車行駛於夜間或隧道時，安全更有保障。今後，LED燈還會繼續朝更高輝度與更省電的方向進化，相信屆時LED燈一定可以成為汽車頭燈的主流。

豐田Prius的LED汽車頭燈

豐田旗下汽車繼「Lexus LS600h」之後，現行的Prius也跟進採用LED式汽車頭燈。就目前而言，放電式汽車頭燈在消費電力與亮度方面的表現還是比較理想的。但今後，高輝度LED繼續進化後，LED式汽車頭燈的表現可望超越放電式汽車頭燈，並且成為油電混合汽車的理想頭燈配備。

LED式汽車頭燈的構造

圖片提供：小系製作所

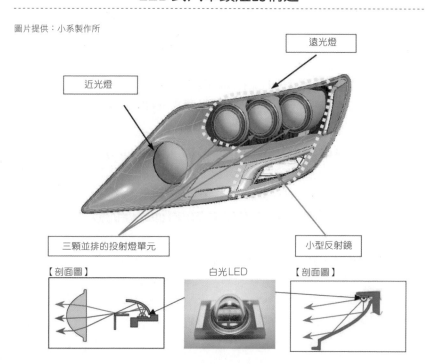

三顆並排的投射燈單元可以想成是大型LED燈的鏡頭鏡片，白光LED燈本體則是被安排在燈具內側水平放置。白光LED所發出的光線透過數片反射鏡改變照射方向後，往鏡片集中為前方提供照明，光線毫無浪費。

防刮塗層
5.05 ──不易刮損的塗層及具自動復原能力的塗層

　　車體經歷日曬雨淋與紫外線照射後會逐漸失去原有光澤。而在行駛過程，車體所沾附的髒污，或是在停車過程中蒙上的塵砂，也會因為洗車等情形磨擦車體表面，造成細微刮痕，進一步影響車體表面的光澤。

　　定期輕微研磨塗層面雖然可以消除輕微的刮痕，卻會使表面塗層愈來愈薄。為車體表面鍍上硬膜也是避免塗層刮傷，或受髒污侵蝕的方法，不過一樣需要定期保養。

　　今日，車體塗層同樣也進入高科技時代。科技的進步成功催生了劃時代的塗層產品。本節要為各位介紹的，就是能夠強力對抗刮痕的「**防刮塗層**」。防刮塗層在各塗層業者的研發下，已發展出許多種類。

　　高級車多數採用一般耐刮耐磨的塗層，塗層表面的透明漆層軟硬兼具，**能吸收撞擊，同時保護塗層面，使塗層面不容易留下傷痕**。

　　日產汽車部分車款採用一種稱為「Scratch Guard Coat」的獨特塗層。它的獨特之處在於，即使塗層面受到砂子等刮傷而形成傷痕，也能在太陽曝曬等受熱以後自動修復損傷的表面，使塗層面恢復平整，達到長期維持塗層面光澤的效果。

　　有些塗層還會添加氟以保護塗層面。塗層內部還能持續提供氟給塗層面，以預防髒污沾附，保護塗層面避免刮傷。

日產的「Scratch Guard Coat」防刮塗層

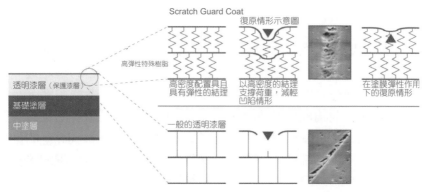

一般的透明漆層會因為外部磨擦損壞組織而出現傷痕。對此，防刮塗層的組織兼具堅強的結理與柔軟的特性，就算一時受到磨擦而出現傷痕，也能在陽光曝曬等熱力作用下提高柔軟度，平整表面，消弭刮痕。不過，若是受損情形超過一定程度，終究法避免刮痕殘留表面。

照片提供：日產汽車

豐田的「自我修復型耐刮塗層」（Self-Restoring Coat）

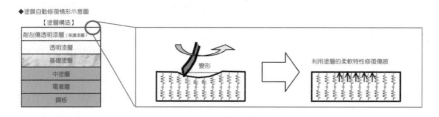

豐田為高級車款選用的「自我修復型耐刮塗層」，也是加強分子結合的緊密度，且兼具柔軟特性的耐刮塗層。即使外部受到磨擦，表面一時凹陷變形而形成傷痕，也能利用塗層本身的柔軟特性修復表面，使表面恢復平整，保護塗層不輕易受傷，不會因為輕微磨擦而留下醒目的傷痕。

圖片提供：豐田汽車

智慧型車門啟閉系統、智慧鑰匙
5.06 ——具備便利性與防盜機能的感應式門鎖

　　鑰匙是進入汽車、發動引擎不可或缺之物。很久以前，引擎和車門分別由不同的鑰匙開啟，有些汽車後車廂的鑰匙還不能打開置物箱。總之，單是一輛汽車就要準備好幾把鑰匙。

　　單憑一把鑰匙就可開啟所有車鎖，是「中控鎖」問世以後的事。有了中控鎖，只要駕駛座的車門鎖一解除，所有的門鎖，包含後車廂都能一併解鎖。現在，利用紅外線或電波遙控門鎖的遙控鎖更已成為一般的車門鎖配備。

　　近來，**汽車不需鑰匙便可上鎖、解鎖已成為趨勢**。拜無線技術所賜，持有鑰匙的駕駛人只要按下按鈕，或是只要走到汽車附近，汽車就會自動解鎖；有些甚至連坐進車廂後也不需要把鑰匙插入鑰匙孔就能發動引擎，彷彿汽車本身是有意識地迎接駕駛進入操作一般。這種感覺很奇妙，不是嗎？這種不需要鑰匙操作的門鎖系統，豐田稱之為「Smart Entry智慧型車門啟閉系統」，本田稱之為「Smart Key智慧鑰匙」。

　　免持汽車鑰匙的好處，不只是帶給用車人便利而已。免除車門的鑰匙孔，改以加密訊號開啟車門的做法還能**提升防盜效果**。尤其是高級車，為了避免竊賊光顧，幾乎是每年都會發展出更精進的防盜裝置。例如日本的日產汽車就與行動電話業者合作，為行動電話附加智慧鑰匙的功能。

Lexus「Smart Entry智慧型車門啓閉系統」

豐田旗下的高級車品牌Lexus所配備的「Smart Entry智慧型車門啟閉系統」，讓持有鑰匙的駕駛人在汽車附近就能為車門上鎖、解鎖。引擎則是按壓按鈕便可啟動。鑰匙本體也有可為門鎖上鎖、解鎖的按鈕。

照片提供：豐田汽車

高級車所配備與車門鎖連動的照明裝置

左圖為豐田旗下高級車「Lexus GS」所配備與車門鎖連動的照明裝置。如此貼心的設計彷彿汽車也是有意識地在歡迎車主一般。

照片提供：豐田汽車

本田的「Smart Key智慧鑰匙」

Honda的智慧鑰匙

鎖定按鈕（駕駛座/副駕駛座門板）

鎖定按鈕（後門）

引擎啟動旋鈕

駕駛人只要持有鑰匙，就能按鈕解鎖、轉動旋鈕啟動引擎。不過，為了預防電池沒電，Smart Key也內藏一般的鑰匙。

照片提供：本田技研工業

發動機防盜鎖止系統

5.07

──利用「ID」和「汽車」的組合守護愛車

　　啓動引擎時需轉動的電火鑰匙或車門鎖鑰匙不只是駕駛操作汽車的動作，廣義來說，它還是兼具避免遭受惡作劇或竊盜的防盜裝置。

　　不幸的是，隨著汽車科技的高度發展，汽車犯罪手法也愈來愈精進，車內裝備被偷，或是整臺汽車被盜的竊盜事件一度急遽攀升。

　　「發動機防盜鎖止系統」（immobilizer）是爲了彌補單憑鑰匙鎖車不足以防範竊盜而誕生的。所謂發動機防盜鎖止系統，除了藉由鑰匙的刻痕防盜以外，還會比對紀錄於鑰匙和汽車的「ID」，以提高防盜效果。ID是數位訊號，可以有數千萬組組合，再加上鑰匙刻痕的形狀，幾乎不可能偶然獲得一致的搭配組合。

　　在發動機防盜鎖止系統的守護之下，偷車賊無法以製作刻痕相同的備份鑰匙，或是破壞鎖筒直接接通配線的方式啓動引擎。

　　發動機防盜鎖止系統大約於十五年前問世，持續進化發展至今，ID已經變得非常複雜，而且**每次認證完畢都必須重新加密ID，以提高安全性。**

　　雖然防盜程序如此嚴謹，發動機防盜鎖止系統仍然稱不上最完美。所謂道高一尺，魔高一丈，發動機防盜鎖止系統既然是人類智慧所發明，自然就會有其他人想辦法動歪腦筋破解。

　　防盜系統可以說是防盜者與竊盜者雙方拉鋸戰之下的產物。今後，汽車防盜裝置肯定還會繼續進化，繼續發展出更新的防盜手法。

發動機防盜鎖止系統作動時的警告畫面

照片提供：豐田汽車

上圖為發動機防盜鎖止系統作動時的燈示畫面。系統會比對紀錄在點火鑰匙的ID和紀錄於ECU的ID，如果兩者不相吻合，引擎就會被系統鎖定而不能發動，而且就連破壞鑰匙孔或連接配線也無法啟動引擎，以確實守護愛車免於被竊。

發動機防盜鎖止系統的系統配置圖

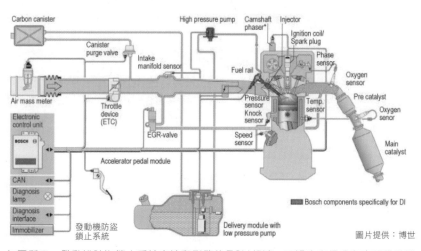

圖片提供：博世

如圖所示，發動機防盜鎖止系統直接和引擎的ECU相連。不過也有很多汽車將發動機防盜鎖止系統直接安裝於ECU內部。如果發動機防盜鎖止系統直接安裝於ECU內部，那麼更換ECU時，就必須重新設定發動機防盜鎖止系統。

COLUMN 5　　**放眼世界，低科技車一樣高人氣！**

　　本書介紹了許多汽車領域的高科技。不過，似乎並非世界上的每個人都會想要滿是高科技裝備的汽車。例如2008年就有一部令日本汽車工程師與車廠經營者大大跌破眼鏡的汽車問世。那就是印度的塔塔汽車公司所開發「塔塔車 TaTa Nano」。塔塔車的售價僅僅只有十萬盧比而已，是當時印度最便宜上市汽車的售價二十萬盧比的一半（若以發售當時的匯率換算成台幣，約為台幣八萬元），便宜得驚人。

　　塔塔車雖然擁有與日本輕型車相當的汽車等級和引擎，但是雨刷只有一支，冷氣和收音機都是選配，總而言之，就是**以非常樸素的配備實現超低售價**。事實上，塔塔車的售價超過十一萬盧比，但它的售價還是壓倒性的便宜，所以它能大受歡迎。

　　在印度，腳踏車可以說是大眾的「腳」。塔塔車上市，讓印度人有辦法以腳踏車的二到三倍的價格買到汽車。所以將來，塔塔車非常有可能成為印度的國民車。

　　不但如此，塔塔車還計畫出口到歐美國家。如果它能讓車主以一般汽車的半價購得，說不定即使是在先進國家，願意選購塔塔車的人也會變多。果真如此，說不定其他車廠就會開始卸除汽車上的高科技配備，改而推出低科技車呢！

　　以前，北美曾經販售過南斯拉夫製造的便宜汽車，可惜因為耐用性等品質問題，最後還是難逃被市場淘汰的命運。至於初問世的塔塔車今後會如何發展，是個值得關注的話題*。

---

* 按：不過塔塔車最後也因為品質問題，在2018年宣布停產。

第6章

為舒適性而誕生的高科技

暢快舒適的駕車經驗是每位駕駛人夢想追求的。
本章要為各位介紹任誰都能輕鬆應付高難度駕駛操作的裝置,
以及幫助駕駛人免於迷路等最新的系統。

照片提供:本田技研工業
利用微波雷達控制行車速度與間距,以減輕駕駛人高
速駕駛負擔的「智慧型高速公路定速巡航系統」示意
圖。

智慧型高速公路巡航控制系統
——配合周圍車流調節行車速度

6.01

　　汽車在高速公路進行長距離移動時，通常有一段頗長的時間是在一定速度下行駛。然而，長時間以一定腳力踩踏油門，對駕駛人來說是件頗為吃力的事，不僅會使腳部肌肉疲勞，有些駕駛人的踝關節還會因為長時間接受震動而感到疼痛不適。

　　而「智慧型高速公路巡航控制系統」（Intelligent Cruise Control System）則能夠幫助駕駛人免於長程駕駛之苦。智慧型高速公路巡航控制系統可以自動調整油門的開度，讓車速維持在駕駛人所設定的速度。當然，駕駛人只要再次按觸開關，或是踩踏煞車，就能立即解除系統。

　　傳統的定速巡航系統，是靠車速感測器回傳的訊號控制引擎，維持一定車速，功能比較陽春。

　　最新的「**智慧型高速公路巡航控制系統**」的功能，不只有定速功能，還能配合周遭車輛的行車步調，做出靈活且順暢的控制。它是利用之前所提到的微波雷達等裝置自動調整車速，和前車保持一定距離，**即使中途遇到車流速度減慢，當車流再度恢復順暢，系統又會自動加速**，讓車速回復到原來所設定的速度。至於周遭車速較快時，系統則不會加速超過駕駛人所設定的速度。

　　這樣的巡航控制可以讓駕駛人不用總是為了因應車流速度的變化，而疲於設定與解除設定，在利用上較傳統型輕鬆簡便許多。日本高速公路車流量大，智慧型高速公路巡航控制系統可以說是非常體貼、合適的高科技駕駛輔助系統。

智慧型高速公路巡航控制系統運作情形示意圖

圖片提供：富士重工

裝設於車頭部分的雷達裝置會藉由雷達波發射後回彈的時間，以及頻率的變化，測定本車與前車的距離與速差。如果跟車距離足夠，就以設定好的速度巡航；如果跟車距離變短，或是前車速度突然變慢，系統就會自動調整車速，以維持一定程度的跟車距離。

智慧型定速巡航系統的運作範例

●雷達偵測範圍：車輛前方100公尺以內、角度16度以內
●行車車速：時速45～100公里

| 定速控制 | 減速控制 | 跟車控制 | 加速控制 |
| 無前車時 | 偵測到前車時 | 跟隨前車 | 前車離開本車道時 |

定速控制	希望車速設定好以後開始定速行駛
減速控制	當本車道內的前車速度較所設定車速慢時，系統就會控制油門或煞車進行減速。當前車緊急煞車，或是後方車輛突然超車進入前方，使系統來不及減速時，系統就會播放警示音效和圖示，催促駕駛人做出適當的操作（煞車等）應變。
跟車控制	配合前車速度，保持所設定的跟車距離（車速上限為所設定之車速）。跟車距離有三段可供選擇。
加速控制	當前車離開本車道時，系統會自動和緩加速至所設定車速，然後恢復定速巡航。

圖片提供：本田技研工業

以本田的「適應行駛控制系統（Adaptive Cruise Control System)」為例，雷達波的偵測範圍為汽車前方100公尺以內，左右16度以內，行駛控制則可分為以下四種模式。首先，在沒有前車的情況下，系統會以駕駛人所設定的速度做定速行駛。當雷達偵測到前方有車輛時，系統會啟動減速控制（利用引擎或煞車調減車速），配合車速保持跟車距離。隨後進一步啟動跟車控制，保持駕駛人所設定的跟車距離，且以前車速度進行跟車行駛。前車駛離開本車道以後，系統又會啟動加速控制，加速至原先所設定的車速。

主動式轉向系統
——配合行駛狀況調整轉角

駕駛人旋轉方向盤，就能使汽車轉向自己希望行駛的方向。如果想讓汽車的迴旋半徑小一點，或是想要急轉彎，就大大轉動方向盤；如果要讓汽車轉個長彎，或是稍微改變方向，就微微轉動方向盤。

如果想要讓汽車對方向操作擁有高靈敏度，那麼大齒輪比（方向盤一轉動，舵輪立刻改變方向）的轉向機構會比較合適。不過，大齒輪比的方向機構較難微調方向，不適合應付只需微微轉動方向盤即可的高速行駛。

相對的，小齒輪比（方向盤轉動以後，舵輪不會立刻改變方向）的轉向機構，則是有停車時必須忙碌地連轉好幾圈方向盤的困擾。

為了克服以上問題，於是有些汽車的方向機構採用在中立點附近配置反應較和緩的細齒輪（齒輪比較低），一定舵角以上配置靈敏度高的粗齒輪（齒輪比較高）的「可變齒輪比轉向系統」（Variable Gear Ratio Steering；VGRS）。

另外，也有更積極改變方向機構的特性，以提高操作舒適性的「主動式轉向系統」（Active Steering）。主動式轉向系統是在轉向機軸上，採用能以較少段數獲得較大減速比的行星齒輪，以控制行星齒輪的方式改變齒輪比，**讓系統可以視情況主動改變輪胎的轉動角度**。有了主動式轉向系統，駕駛人在高速公路上就能輕鬆操控方向盤，在停車或穿越交叉路口時，不必大動作迴轉方向盤，享受更加輕鬆自在的方向操作。

本田的可變齒輪比轉向系統

圖片提供：本田技研工業

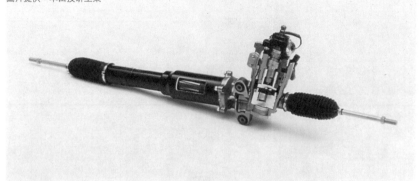

齒輪箱與方向機軸之間設有滑輪，可利用滑輪位置改變齒輪轉動的比率，配合車速與舵角改變齒輪比。

BMW的整合式主動轉向系統

照片提供：BMW

BMW 7系列搭載後輪也能操舵的「整合式主動轉向系統」（Integral Active Steering），可配合依照車速改變轉角的前輪，在中低速域時以和前輪相同的方向，在高速域則以和前輪相同的方向稍微對後輪操舵，讓大車在市區街道也能自在迴轉，在高速公路也能俐落地變換車道。日產的「Skyline 天際線」也有導入整合式主動轉向系統。

BMW 的主動式轉向系統

照片提供：ZF Friedrichshafen AG

圖為BMW的主動式轉向系統。方向機軸使用行星齒輪，以帶出主動轉向性能，也可以藉由馬達從外部操舵，讓系統得以視情況自動操控方向機。此款主動式轉向系統同時具備車身姿勢調整機能。

主動式轉向系統的效果

圖片提供：BMW

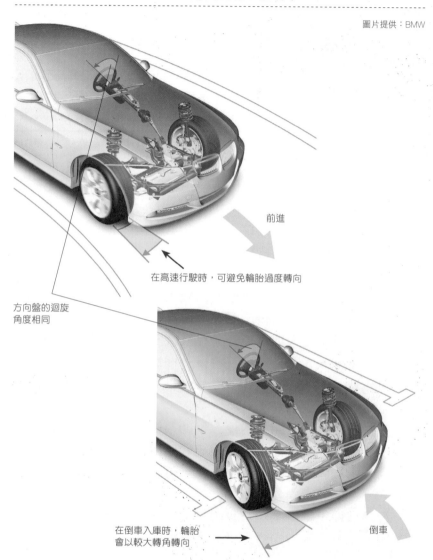

方向盤的迴旋
角度相同

前進

在高速行駛時，可避免輪胎過度轉向

在倒車入庫時，輪胎
會以較大轉角轉向

倒車

有關方向盤的操控性，若考量到在市街行駛的便利性，那麼稍微轉動就能使輪胎以較大
弧度轉彎的轉向系統會比較輕鬆。但在高速行駛時，這樣的轉向系統則會讓駕駛人時時
都得操控方向盤不得鬆懈而迅速感到疲憊。有了主動式轉向系統，即使駕駛人以相同的
角度轉動方向盤，系統也能依照車速自動調整輪胎的轉動角度。

智慧型停車輔助系統
——為倒車入庫所苦的人也能輕鬆停好車

6.03

　　汽車帶給人便利，是許多人日常生活不可或缺的交通工具。但是，並非任何人都能輕鬆享受駕駛的樂趣。「我實在不太會開車，可是因為工作需要、生活需要、載家人需要……才不得不開車」是部分用車人的心聲。很多新手駕駛人尤其害怕要把汽車正確停到限定位置的「倒車入庫」。

　　於是，汽車廠和汽車零件廠便為這類駕駛人開發出能夠引導駕駛人停車的駕駛輔助系統。

　　雖然名為駕駛輔助系統，但有些車廠所開發的駕駛輔助系統，甚至設計到駕駛人自行完成首次設定後，系統就能幫駕駛人自動把車停好，像是豐田的「**智慧型停車輔助系統**」。

　　有了智慧型停車輔助系統，**駕駛人只要在第一次自己將汽車停在停車位內，讓系統辨識停車位置，往後系統就能自動操控方向盤，幫駕駛人把車停好**。在系統操作的過程中，只要駕駛人不踩煞車或油門，汽車就會自動慢慢駛入停車位內，把車停正。駕駛人只要在車子停好以後踩煞車，就能終止系統操作，完成停車程序。

　　某些歐洲車廠所開發的停車輔助系統，甚至可以自行判斷停車位是否具備支援停車輔助系統的感應設備，一旦偵測到相關設備，系統就會自動操控方向盤，幫助駕駛人把車停到停車位內。

　　智慧型停車輔助系統可以說是集車距感測器、電腦影像辨識系統，以及電動方向盤三者之大成的發明。

豐田智慧型停車輔助系統作動圖

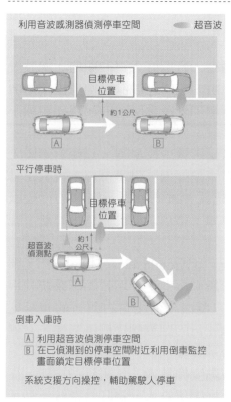

利用音波感測器偵測停車空間　　●超音波

目標停車位置

約1公尺

Ａ　　Ｂ

平行停車時

目標停車位置

約1公尺

超音波偵測點

Ａ

Ｂ

倒車入庫時

Ａ 利用超音波偵測停車空間
Ｂ 在已偵測到的停車空間附近利用倒車監控畫面鎖定目標停車位置

系統支援方向操控，輔助駕駛人停車

智慧型停車輔助系統的作動可分為以下三個程序：1.系統利用超音波感測器與相機辨識停車空間。2.系統演算將汽車導入停車位所需的操舵角度。3.系統利用超音波避免碰撞。首先，駕駛人按下開關，然後將汽車開到停車位前暫停，在告知系統希望停車的位置以後，將汽車開往斜前方。之後，系統就會自動操控方向盤，慢慢倒車將汽車停到停車位之內。

圖片提供：豐田汽車

智慧型停車輔助系統的運作方法

只要按下開關，汽車就能在半自動模式下完成倒車入庫。

照片提供：豐田汽車

環景顯影系統
——可以俯瞰車身的顯影系統

6.04

現代人追求乘坐感與舒適性，有偏好大車的傾向。此外，為了提升碰撞安全、減輕空氣阻力，車體設計也傾向由圓滑曲面構成。然而，這兩種傾向卻增加許多駕駛人的視線死角或不容易看清楚的地方。

因此，愈來愈多汽車搭載攝影機或感應器，以便對駕駛人發出擦撞或碰撞警告。有些汽車還配備「倒車引導系統」；當駕駛人打方向盤倒車時，系統就會推測並顯示汽車的行駛軌跡，幫助駕駛人將汽車停入車庫。這項功能屬於汽車導航系統的功能之一。

而日產的「環景顯影系統」（Around View Monitor），則是讓這種偵測感應設備與攝影設備再進化。環景顯影系統利用CCD攝影機和超音波聲納，包覆汽車前後左右四方的視線死角，顯示汽車前後方以及視線死角的副駕駛座側邊影像，當障礙物接近時，系統就會發出警示聲音。

環警顯影系統還擁有「視點變換技術」，可以切換顯示從車子正上方往下俯瞰的影像，好讓駕駛人一邊盯著系統所顯示的畫面，一邊把汽車停入車庫。這種感覺就像在玩電視遊樂器時，**盯著螢幕把一臺迷你車從上往下抓起來停到停車場一樣。**

即使是經常感嘆「把車停入車庫根本就是件困難的任務」的人，也能利用聲納監視車子四周，憑著俯瞰影像，將汽車停入車庫。這樣停車是不是輕鬆多了呢！有了環景顯影系統，停車就好像有直升機從空中守護著一樣，是駕駛人值得信賴的駕駛輔助系統。

環景顯影系統

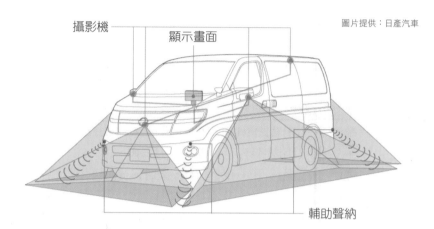

攝影機　顯示畫面

圖片提供：日產汽車

輔助聲納

安裝於汽車前後方與側鏡的CCD攝影機，會將視線死角的影像顯示在螢幕上。視點變換技術則會顯示有如俯瞰的影像。安裝於車體四周的超音波感測器則會在有障礙物或其他車輛接近時發出警告，以避免擦撞事故。

環景顯影系統的顯示畫面

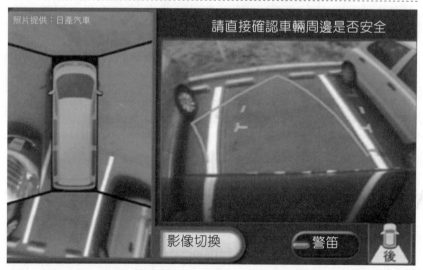

照片提供：日產汽車

請直接確認車輛周邊是否安全

影像切換　　警笛　　後

如以上兩畫面所示，倒車引導系統可以從方向盤切入的角度，顯示現在的行進方向和系統預測的行進路線。環景畫面可以顯示汽車和周遭景物的位置關係。環景顯影系統可以幫助駕駛人掌握汽車的方向，為駕駛人減輕停車之苦。

自動空氣調節系統
──調控程度較家用空調細膩

6.05

　　冷氣是利用「**汽化熱**」（當液體變成氣體時，會從週遭奪取的熱能）冷卻空氣。乘客只要設定好車內氣溫，汽車的自動空氣調節系統，就能自動地將空氣調節到希望的溫度。汽車的自動空調系統會利用電腦偵測車內外溫度，以及投射到車內的日光強度，然後吹出讓乘客感到舒適的涼風。

　　在同樣的車內溫度下，車內是否受到日光照射，也會影響乘客對溫度的感受。氣溫的升高，不是因為空氣直接受到陽光照射加熱，而是因為空氣吸收了地面或地表物體受到陽光照射而變溫暖的熱。

　　汽車在陽光照射下，不只車內氣溫會迅速上升，人的體溫也會因為陽光照射而升高。所以，即使在車內溫度相同，汽車受到陽光照射的車內乘客會覺得比較熱。因此，即使室內的空調溫度維持不變，**我們也應該隨著天候或日夜差別，調整空調的強度**。

　　在車用空調系統方面，「**全自動空調系統**」除了風的溫度以外，風量也能自動調節。當車內溫度與設定溫度有所差距時，系統就會增強風量，使車內溫度快速到達設定溫度；而當車內溫度到達設定溫度後，系統就會隨著調減風量，以微風維持舒適的感受。

　　車內空調有車內空氣循環或導入車外空氣兩種空氣循環模式可供選擇，乘客還可將循環模式切換為車窗除霧。有些車內自動空調系統的調控非常細膩，可以做到偵測上、下半身及座位的溫度後做出精細的調節，使各個座位可以單獨調節溫度。所以說，就控制系統的複雜程度而言，車用空調系統可是比家用空調還要複雜許多。

後座專用空調

有愈來愈多高級車選擇搭載後座專用空調設備。如左圖 Lexus LS 用空調系統的解說圖所示，此系列車款的空調系統特別為後座乘客規劃數個出風口，讓後座乘客各自設定喜好溫度，享受舒適的冷暖空調環境。

圖片提供：豐田汽車

和GPS連線的空調系統

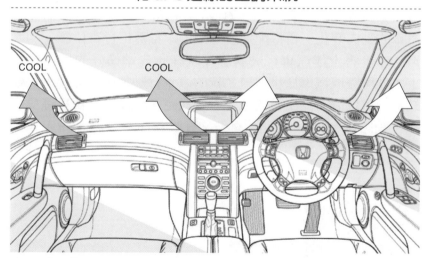

利用衛星資訊以及汽車所搭載的日照感測器，車用自動空調系統還可判斷日照的強度與方向，自動調控駕駛座與副駕駛座的溫度與風量。

圖片提供：本田技研工業

車用衛星導航系統
——利用數顆人造衛星量測車輛位置

6.06

「**車用衛星導航系統**」可以提供駕駛人從車輛位置到目的地之間的距離、方位關係，以至路徑引導、塞車資訊等交通情報。對於路痴、旅人，或是因為工作需要在街上穿梭的人來說，車用衛星導航系統是猶如寶物般重要的指引工具。

日本車廠所開發的車用衛星導航系統，不只受到日本當地車廠採用，也相當受到海外車廠的喜愛。許多在日本販售的進口汽車上的衛星導航系統，可都是純正的日本製品呢！

現在的車用衛星導航系統，是利用GPS接收三顆以上人造**衛星傳遞的電波訊號測定車輛位置，再加上陸上基地站的資訊，計算出正確的所在位置。**

當汽車進入隧道等無法接收衛星訊號的地方時，車用衛星導航系統還可利用陀螺儀（Gyro Sensor）或重力感測器感測汽車的動向變化，再搭配速度感測器，推算出行車位置。

之後將上述汽車行駛狀態反映在預先準備好的地圖資料上，就可完成汽車衛星導航系統的汽車行駛畫面。駕駛人只要知道行車位置，找出目的地，做好設定，就能讓系統搜尋並規劃行駛路線。而且，地圖資訊還有收錄高速公路、商店等資訊，相當實用、便利。

透過數顆人造衛星定出所在位置

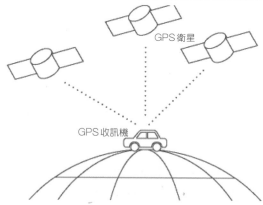

汽車衛星導航系統，乃是接收來自離地二萬公里的人造衛星所回傳的訊號，再由距離正確計算出汽車的所在位置。理論上，只要收得到三顆衛星的訊號，就可以定出所在位置。但是，如果只收三顆衛星的訊號，所得到的計算值的誤差可能會太大，最好還是接收四顆衛星以上的訊號，才能提高定位的準確度。

圍繞地球運行的**GPS**衛星多達三十顆以上

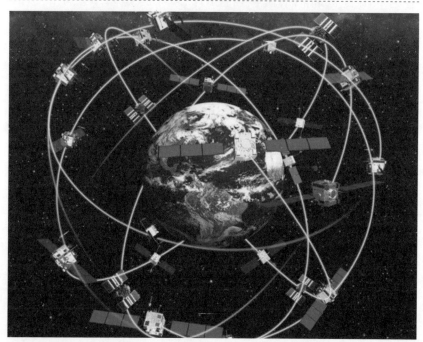

GPS所使用的人造衛星和配合地球自轉運行的「靜止衛星」不同，是以十二小時為週期，運行在規劃好的軌道上。

車用資訊通訊系統
——提供本車資訊，以獲得更精確引導的系統

6.07

　　傳統的汽車衛星導航系統，是接收電波等外部訊號，將行車位置、塞車資訊等交通訊息反應在所搭載的地圖資訊中；是一種單向收受資訊的受信機。最新的汽車衛星導航系統，則可由車輛發送訊號回饋資訊中心，並因此獲得更精確的資訊，享受更高的安全性與舒適性。

　　這類有移動物資訊的汽車通訊系統稱為「**車用資訊通訊系統**」（Telematics）。該系統在各車廠各有不同的名稱，例如豐田就將該系統命名為「G-BOOK」，本田將該系統命名為「HONDA InterNavi」，日產則將該系統命名為「CARWINGS」。

　　車用資訊系統會蒐集所有參與車用資訊通訊的汽車行駛狀態，然後將資料彙整成塞車訊息等各種交通資訊。也就是說，透過車用資訊通訊系統，自己的汽車不只是塞車資訊的接收者，同時也扮演周邊塞車資訊提供者的角色。

　　車用資訊通訊系統的好處，就是可以透過網路利用**龐大的資訊**。原本的汽車衛星導航系統，只能顯示預先儲存在本機資料庫中的路徑引導或駕車資訊。現在，車用資訊通訊系統則可利用資訊中心的豐富情報，運用高效能的電腦設備，提供內容充實的路徑引導與駕車資訊。

　　即時訊息的提供，更是車用資訊通訊系統的誘人之處。凡是車用資訊通訊系統所支援的汽車衛星導航系統，都能透過通訊自動更新地圖資訊，接收最新的道路資訊。

　　傳統的汽車衛星導航系統，必須將硬體機盒拆下送交業者更換DVD才能更新地圖資訊，對使用者來說，便利性就大打折扣了。

隨時更新資訊，享受即時訊息

上圖為本田「HONDA InterNavi」（雙向導航系統）的顯示畫面。由於資訊能夠隨時更新，駕駛人可以隨時接收最新的路況訊息。上圖畫面正在預報前方路面可能結冰的訊息。

照片提供：本田技研工業

彙整多部汽車回饋的資訊以供路況資訊整備之用

改良前　　　　　　　　　　　　　　　改良後

不僅能接收資訊，還能提供各種路況資訊，是車用資訊通訊系統最大的特色。上圖路段原本是追撞事故多發路段，在接受許多汽車回饋相關訊息以後，路面已經加註警示標語「小心追撞」，以提醒駕駛人注意。

照片提供：本田技研工業

新世代車用衛星導航系統
——利用行人隨身攜帶的行動電話內建的GPS功能

6.08

　　對許多駕駛人來說，車用衛星導航系統已經逐漸成為駕駛時不可或缺的左右手。為此，利用衛星導航系統進一步支援駕駛人的服務也愈來愈發達。例如，為了減少交通事故，視情況需要提供駕駛人周邊交通資訊的服務就是一例。

　　這種服務，與提供交叉路口等道路資訊的安全駕駛支援系統（DSSS）相當類似。安全駕駛支援系統是讓汽車駕駛人直接在各交叉路口，從設置於路旁的感應器接收交通訊息。而這裡所要介紹的新世代車用衛星導航系統，則屬於車用資訊通訊系統的一環，由資訊中心統一管理。

　　例如，日產汽車所開發的車用資訊通訊系統CARWINGS，就針對北海道地區推出**「路滑資訊提供服務」**。這項服務是從2008年開始。每逢冬季，日產汽車的車用通訊資訊中心，便於北海道收集汽車運作ABS的資訊，將資料彙整成路面凍結資訊，提供給行經可能打滑路段附近的汽車駕駛人。如以上例子所述，新世代車用衛星導航系統不只提供塞車或交通事故等類資訊，還具備危險預警功能，希望藉此帶領駕駛人開往更安全、更舒適，快樂享受駕駛的新時代。

　　「人車互聯功能」則是另一項新的服務。這項服務是讓行人隨身攜帶、內建GPS功能的行動電話，發送訊號給車用汽車導航系統，告知行人的所在位置，好讓汽車的衛星導航系統提醒接近行人的汽車駕駛人注意。若說現代是人人行動電話不離身的時代，一點也不為過。因此，若能利用行動電話，不僅能使有關行人通行訊息的取得更為方便，也可以省卻各交叉路口感應器與光標的設置。而且，新世代車用衛星導航系統的目的與安全駕駛支援系統相近。說不定，未來兩者將結合為一。

路滑資訊提供服務系統結構示意圖

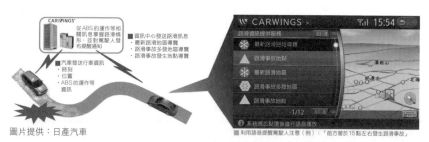

圖片提供：日產汽車

日產汽車在北海道推出的路滑資訊提供服務，是收集運作ABS的汽車的所在位置資訊之後，將資料加以分析後整理出容易路滑的地點，並且配合日常生活中容易發生路滑事故的地點，彙整成路滑資訊，對行經路滑地點附近的車輛衛星導航系統發送相關訊息。

人車互聯功能

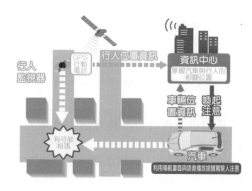

內建於行動電話的GPS也可以對行動電話的基地台發送位置訊息。車用衛星導航的人車互聯功能，就是資訊中心利用該資訊，對汽車駕駛人發出提醒訊息。這是為了減少人車碰撞事故而開發的服務。

車用衛星導航畫面

行人的情形

圖片及照片提供：日產汽車

COLUMN 6 | 高速公路免收過路費會引發大塞車嗎？

　　日本自2009年3月28日起實施「ETC休假日特別優惠措施」，結果造成高速公路每逢休假日便大塞車的惡況。塞車情形尤其以三天連續假期的晨昏時段最為惡劣，該時段的高速公路休息站和遊樂地區簡直到了人滿為患的地步。

　　這種塞車惡況，竟然還成為在2009年8月30日以壓倒性勝利贏得第45屆眾議院議員選戰的民主黨退回在野黨地位的主因之一。連帶地，其政見中的一條「高速公路免收過路費」政策該於何時如何實施，也引起廣泛的議論。有些團體對此指出「高速公路在現今情況下，塞車情形就如此嚴重，一旦免收過路費，將使塞車情況更為惡化」，並且預言塞車陣的廢氣將造成二氧化碳大幅增加。

　　但是，事情果真會如此發展嗎？也有分析指出，現在的ETC休假日特別優惠方案限定於休假日實施，而且期限僅僅二年，才會引發利用者大增的現象。

　　假如高速公路任何時候都免收過路費，那麼民眾在體認到高速公路會塞車的情況下，利用高速公路的人還會增加那麼多嗎？此外，一旦高速公路真的實施免收過路費政策，**民眾因為用餐或觀光需求而利用高速公路的模式也有可能變成遇到塞車就下高速公路，塞車期間就利用一般道路**。

　　在歐美國家，高速公路對於一般車輛的利用幾乎採取免付過路費政策，就算收取過路費，也多半採取年度定額制。倘若汽車的用路環境能夠改善，使民眾利用高速公路四處移動的意願提高，不也是帶動日本景氣復甦的原動力嗎？

第7章

高級車搭載的高科技

包含跑車在內的高級車的魅力之一，
就是汽車廠不惜投注大量時間及預算開發技術，
並且豪氣地讓那些技術大量搭載於車體上。
本章將為各位解說那些奢侈的技術。

照片提供：Nicole Racing Japan
上圖為具備W型16汽缸、四具渦輪增壓器，引擎置
於車體中心的超級跑車──BUGATTI Veyron 16.4
的動力傳動裝置。

可變容量渦輪

——轉動葉片，應付更廣的迴轉速域

7.01

引擎所排出的廢氣還有殘存的能量，而「**渦輪增壓器**」是負責壓送吸入空氣的泵浦，能利用廢氣的壓力轉動渦輪。

裝上渦輪增壓器，引擎就可以吸入大於排氣量的空氣，燃燒大量的燃料，實現高動力輸出表現。而在節流閥微微開啓的狀態下，廢氣的壓力較小，渦輪增壓器不工作，所以不會浪費燃料。

如前述說明，渦輪引擎雖然兼具大排氣量引擎的高動力輸出表現，與小排氣量引擎的低油耗表現，但廢氣排放量卻是隨引擎轉數而異。因此，渦輪的容量有必要配合重點引擎轉數域來做調控，讓渦輪增壓器發揮作用。

而「**可變容量渦輪**」就是用以解決這項問題。最新的可變容量渦輪，可以配合排氣量開閉扇葉的翅片，穩定廢氣壓力。

當引擎處於低轉數域時，就關閉翅片，縮小渦輪扇葉的有效徑，以強力接受廢氣的風勢。相對的，在廢氣排放量較大的高轉數域，就打開翅片，以承接大量的廢氣、壓送大量的空氣。因此，**融合了兩種渦輪特性的可變容量渦輪，在寬廣的轉數域都能有高效能的表現**。

渦輪必須持續承受高溫廢氣，因此能耐高熱爲首要條件。此外，渦輪還要承受每分鐘十萬次以上的超高轉數，所以還必須具備耐久性。而這樣的渦輪還要裝上翅片運轉，可眞是不簡單啊！

保時捷「911 Turbo」的可變容量渦輪

最新的保時捷「911 Turbo」採用水冷式水平對向6汽缸引擎，搭載直噴技術與可變容量渦輪。從低轉數域1,950rpm到高轉數域5,000rpm，可以產出最大扭力620Nm。若非可變容量渦輪的加持，絕對不可能在如此寬廣的轉數域有這樣強大的扭力表現。

圖片提供：保時捷

Volvo 的柴油引擎渦輪

右圖渦輪扇頁上的翅片正處於關閉狀態。當廢氣量增加，引擎來到高轉數域時，翅片就會打開，和內側小渦輪的扇葉相連，將大量的廢氣壓送到引擎。

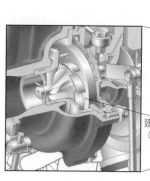

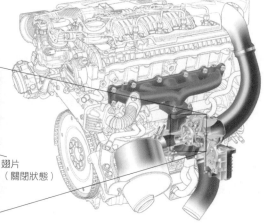

翅片
（關閉狀態）

圖片提供：Volvo

搭載柴油引擎的汽車在日本還是少數，不過在歐洲，柴油引擎已是乘用車引擎的主流選擇。而為了提升引擎效率，柴油引擎也搭載渦輪。近來，搭載可變容量渦輪，企圖提升引擎轉數的汽車也有增加的趨勢。

主動式防傾桿
──配合行駛狀態改變防傾桿的作用強度

　　「懸吊系統」的功能是緩和汽車於行駛中所承受的衝擊，以提升乘車舒適感，同時也是穩定車身，讓汽車快速且安全行駛的裝備。如果想提升乘車舒適感，可以讓懸吊系統中的「彈簧」採用比較軟的材質，但是這麼一來，汽車在過彎時的離心力就會變大，妨礙車身穩定。

　　因此，多數汽車選擇採用軟硬適中，能夠兼顧乘車舒適感與車身穩定性的彈簧，並且加裝能夠干涉左右懸吊，在過彎時能抑制車身傾斜程度的「防傾桿」。不過，防傾桿的效果太強，反而會妨礙懸吊本身的運作，降低乘車舒適性。

　　於是，能夠順應情況，瞬間改變防傾程度的電子控制式**「主動式防傾桿」**（Active Stabilizer）誕生了。所謂主動式防傾桿，是在防傾桿的中心點附近加裝吸收扭力的裝置，藉此調整吸收效果，改變防傾作用的強度。

　　主動式防傾桿能讓汽車可以選擇要以乘車舒適性為主，還是以行車性能為主，並在這兩大基本性能之間自由切換，或是只在過彎時加強防傾控制，**兼顧乘車舒適性與行車性能**。所以，愈來愈多高級車、高級運動休旅車等車身較龐大、較重的車款會選擇搭載電子控制式防傾桿。

　　而在賽車方面，許多賽車都配備有賽車手能自行依照殘存汽油量、路面狀況或輪胎磨耗程度調整防傾程度的防傾桿。不過，這種操作對一般駕駛來說，屬於高難度的操作。

主動式防傾桿作動示意圖

無加裝主動式防傾懸吊系統的車輛

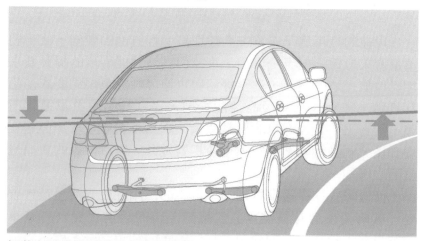

加裝主動式防傾懸吊系統的車輛

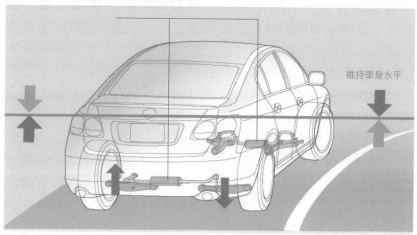

維持車身水平

上圖為豐田集團旗下「Lexus GS430」所配備主動式防傾桿的運作原理。一般的防傾桿是利用「扭力桿」的復原力，允許車身傾斜到某種程度，設計考量在於乘車舒適性與行車性能的平衡。至於主動式防傾桿，則是在一般行車情況下，較注重乘車的舒適感；在追求輕快行駛性能或是過大彎時加強防傾效果，以抑制車身的傾斜程度，維持車身穩定。不過，就實際作用效果而言，加裝主動式防傾桿並不能完全抑制車身傾斜或搖晃。

圖片提供：豐田汽車

碳陶瓷複合材質煞車
──實現高硬度、高耐熱與輕盈特性

7.03

　　現在的汽車為了充實安全性與舒適性方面的裝備，使車體重量愈來愈重。但另一方面，車速與其他性能表現的提升要求卻又似無止境。然而，安全舒適與車速等性能表現的要求卻相互牴觸。汽車能夠實現高性能表現，是拜輪胎與煞車進化所賜，兩者之中尤以煞車的貢獻為大。因為車體重量增加與速度提升後，制動性能上的要求也會相對提升，所以煞車的負擔也就隨之增加。

　　而保障大型高級車與超高性能車的煞車性能的高科技，就是「**碳陶瓷複合材質煞車**」。這種煞車的結構和現今F1賽車的煞車非常接近。碳陶瓷複合材質煞車的特色之一，就是將煞車碟盤的材質，由傳統的鑄鐵材質，改為「碳陶瓷複合材質」，不僅硬度與耐熱性都較鑄鐵還高，就連太空梭的耐熱板也採用。當然，和煞車碟盤磨合以發揮制動力的煞車來令片，也必須使用能夠配合的專用材質。

　　拜其所賜，車體又重又大的高級車即使在高速行駛中緊急煞車，也能夠強力將車速降下來。就連高性能跑車在賽車道上做極限行駛，也能絲毫不費勁地持續穩定行駛。

　　碳陶瓷複合材質煞車碟盤的另一項特色，就是質地輕盈，重量只有鑄鐵材質的一半左右。這樣輕盈的質地，對左右乘車舒適性與運動性能的車底盤輕量化也很有貢獻。

碳陶瓷複合材質的煞車碟片

碳陶瓷複合材質煞車碟片，是在陶瓷中融入碳纖維，以攝氏1700度的高溫打造而成，因此材質特別堅固。鐵在這麼高溫的環境中早就熔化了。碳陶瓷複合材質的強度由此可見一般。

配備碳陶瓷複合材質煞車碟片的保時捷

這款保時捷採用的是原廠名為「Porsche Ceramic Composite Brake」（簡稱PCCB）的碳陶瓷複合材質煞車碟片，再搭配質地較輕盈的輪圈，因此煞車性能與乘車舒適性不但能夠雙雙顧及，而且兩者都有相當優異的表現。

照片提供：保時捷

AMG七速雙離合器自手排變速箱
——感受有如操作手動變速箱一般的自動變速箱

世界上有能帶出手動變速感受的自動變速箱嗎？有的，那就是賓士AMG系列採用的跑車用七速雙離合器自手排變速箱「**AMG Speedshift MCT**」。

一般的自動變速箱所採用的變速機構，是相當於手動變速箱的離合器的「液體扭力變換接合器」（Hydraulic Torque Converter），俗稱「扭力變換器」（Torque Converter）。而扭力變換器就是「流體離合器」。

相較於手動變速箱，扭力變換器在啟動時，為了顧及加速的流暢性，會有比較大的動力損失。

各位不妨想像一下兩座靜止且相對而立的電風扇。當一邊的電風扇轉動，另一邊的電風扇就受到對向電風扇吹過來的風而轉動。這就是流體離合器運作的概念。

在這種狀態之下，左右風扇的迴轉速度會有所差異。這種差異在扭力變換器稱之為「滑差」。滑差是喪失動力感與直驅感的主因。打個比方來說，原本預定傳遞的動力有十分，但是因為迴轉速度有所差異，使得實際傳達到的動力只剩下八分。

順道一提。在一定程度以上的行駛狀態下，可以利用將扭力變換器鎖定，直接傳遞動力的方式提高傳動效率。

不過，賓士AMG系列的跑車採用七速雙離合器自手排變速箱，不使用扭力變換器，而是採用**多板離合器**。這種做法不但可以避開扭力變換器造成動力傳導損失的問題而提升傳動效率，同時也能營造出有如手動變速箱一般的駕駛感受。

AMG Speedshift MCT構造圖

照片提供：戴姆勒

有關接受來自引擎的驅動力的離合器部分，AMG Speedshift MCT不採用扭力變換器，而是採用多板離合器。就行駛平順度而言，多板離合器雖然比不上扭力變換器，但是因為動力損失較少，駕駛較能享受加速快感。

多板離合器

藉由摩擦材與金屬碟片的交互配置的多板離合器，體積雖小，卻能傳導巨大的動力。在高度控制之下，更可做出順暢的離合動作。如果能夠善用這種系統裝置，小型前輪驅動前置引擎車可望獲得更有效率的變速箱。

照片提供：戴姆勒

碳纖維強化高分子複合材料

——堅韌又輕巧的素材也在不斷改良

7.05

　　「**碳纖維**」是高性能跑車或賽車所使用的高科技素材。之所以採用碳纖維，主要是看中它的堅韌特性。碳纖維的抗拉強度比鋼鐵強，而且只需鋼鐵的五分之一重量，或是鋁合金的二分之一重量的材料，便可實現與鋼鐵相同的強度。總之，利用碳纖維，便可打造出質地堅韌且輕盈的零件。

　　在汽車領域，從1980年代起，F1賽車的車架採用質地堅韌且輕盈的碳纖維後，安全性便有了飛躍性的提升。可惜，受限於成形方法，碳纖維無法大量生產，因此在過去有一段很長時間，碳纖維只是少量生產的賽車專用素材。

　　然而近年來，在航空機體輕量化需求的帶動下，碳纖維的需求量激增。而在汽車領域，高性能車和高級車對於碳纖維的使用率也在不斷增加當中。

　　碳纖維本身是柔韌的纖維，具有高度的抗拉特性，可惜它的抗彎曲、抗壓縮能力並不是那麼強。因此，**若要運用碳纖維，就必須在碳纖維織法或纖維布貼合方向多下工夫。例如，在碳纖維之間鑲入薄鋁蜂巢板，就是提高碳纖維素材強度的辦法之一。**

　　最普遍的碳纖維成形方式，是利用樹脂（塑膠）做為纖維與纖維之間的貼合素材。以此成形方式做成的材料，稱為「**碳纖維強化高分子複合材料**」（或稱碳纖維樹脂。英文為Carbon Fiber Reinforced Plastics；CFRP）。平面狀態的碳纖維的抗彎曲能力較弱，但做成立體狀態的碳纖維素材，則擁有堅固的特性。汽車的車架之所以採用碳纖維強化高分子複合材料，便是借重碳纖維在立體形態下所具有的堅固特性。

利用碳纖維製成的車架

即將於下一頁介紹的Lexus LF-A的車體，便是利用碳纖維打造而成。

Lexus LF-A所採用的3D-CFRP

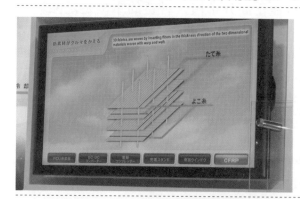

在豐田集團下扮演重要台柱角色的豐田自動織機，特別為團旗下的性能車款「Lexus LF-A」，開發出能夠貼合數層碳纖維布的「三次元碳纖維強化樹脂3D-CFRP」。

碳纖維處理專用壓力鍋

照片提供：McLaren Group

英國的McLaren Group（麥拉崙集團）在1980年初即為F1賽車車架製作碳纖維。左圖為處理碳纖維專用的特殊壓力鍋；處理方式是一邊加入碳纖維，一邊利用高溫使碳纖維凝固。這種特殊的壓力鍋，是讓碳纖維以碳纖維板或碳纖車架等構造材料的形式完全發揮特性所不可或缺的機器設備。

豐田Lexus LF-A
──徹底輕量化，承襲F1賽車而來的引擎

7.06

　　豐田在2009年的東京車展所發表一款超級跑車「Lexus LF-A」。這部堪稱為日本第一台的超級跑車，搭載了許多尖端科技。

　　Lexus LF-A在滿載最新的舒適與安全裝備的狀態下，成功實現將車重壓低至1500公斤內的理想。而Lexus LF-A成功達成車體輕量化的主要原因，得大大歸功於65%的車體採用7.05小節所介紹的碳纖維強化高分子複合材料**CFRP。比起相同形狀的鋁製車體，碳纖維強化高分子複合材質的車體足足減輕了一百公斤的重量。**

　　碳纖維強化高分子複合材料的製作工法可分為「預浸處理法」（Pre-impregnation；Prepreg）、「樹脂轉注成型法」（Resin Transfer Molding；RTM）及「碳纖維增強薄膜模制化合物法」（Carbon Fiber Reinforced Sheet Molding Compound；C-SMC）三種，以配合不同類型的場所使用。

　　Lexus LF-A的擁有V型十汽缸引擎，以及F1賽車所擁有的獨立節流閥。排氣量僅僅4,805c.c.，卻能在8,700rpm時產出560匹馬力，在6,800rpm時產出最大扭力480Nm。在怠速狀態下，僅需0.6秒就可加速至9,000rpm，實現高反應度與高轉數理想。

　　另外，不只連桿，就連進氣閥都採用鈦合金材質。搖臂表面也鍍上「**類鑽碳**」（Diamond Like Carbon；DLC）鍍膜以提高表面硬度，並廣泛應用鋁合金、鎂合金等質地輕盈的合金材質。不僅如此，**怠速時採用單排汽缸休缸設計，以顧及環保性能。**

外型

Lexus LF-A 自 2010 年 12 月起限量生產 500 台。定價約 3,750 萬日幣，價格極高，卻是滿載了日本最驕傲的最新技術，是值得向世界誇耀的超級跑車。

照片提供：豐田汽車

底盤

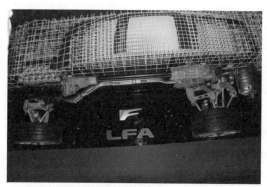

承襲F1賽車的V型十汽缸引擎置於車頭部位。煞車碟盤採用前述碳陶瓷複合材質。支撐輪胎的懸臂全數採用鍛造鋁合金材質。

內裝

宛如賽車的低置座椅與直立式油門踏板。

Bugatti Veyron
——最高時速407公里,最大動力輸出1,001匹馬力

Bugatti Veyron堪稱擁有最強大公路行駛性能的汽車。Veyron擁有由兩座V8引擎組合而成、結構複雜的「W型16汽缸」、排氣量7,993c.c.、最高動力輸出可達1,001匹馬力的引擎。先利用廢氣壓力轉動四具**渦輪增壓器**加熱的空氣,再利用空氣冷卻器(Inter Cooler)將熱空氣冷卻後,才將空氣導入燃燒室。單側汽缸排由八只汽缸組成V8形式,單側汽缸排可視為獨立的狹角V8引擎。整體引擎則由**兩組狹角V8引擎組合而成**,構造可謂獨特。

Veyron採用中置引擎設計(Mid-ship Engine;將引擎配置在車體中央的引擎配置方式),將引擎配置在駕駛座與後輪之間,讓動力也可藉由七速雙離合器變速箱(Direct Shift Gearbox;DSG),透過通過車體中心的傳動軸傳導到前輪,驅動四顆車輪。從靜止狀態加速到時速100公里只需2.5秒,極速高達407公里,速度表現相當驚人。

不過話說回來,這樣的高性能的速度表現在日常生活中是派不上用場的。因此,Veyron備有三種行車模式:第一種是應付市街行駛至高速行駛的「標準模式」(Standard Mode);第二種是應付更高速行駛與賽車環道行駛的「操控模式」(Handling Mode);第三種是專門應付時速375公里以上極速行駛的「急速模式」(Top Speed Mode),藉由不同的車高(懸吊)與車尾翼設定,因應不同類型的行駛需求。

車尾翼除了能藉由三種行車模式或控制鈕調整高度與角度外,還能利用煞車操作豎立車尾翼,形成「空氣煞車」(Air Brake)。在時速375公里以上的極速模式之下,車身高度會降至最低,車尾翼也會平放至幾近水平的位置。

最高時速每小時407公里

照片提供：Nicole Racing Japan

Veyron 16.4要價1億7900萬日圓，Veyron 16.4 Grand Sport要價2億800萬日圓（2009年11月時點價格），是超高性能的高級車。

照片提供：Nicole Racing Japan

動力輸出高達1,001匹馬力的引擎

配備W型16汽缸與四具渦輪增壓器的引擎。

照片提供：Nicole Racing Japan

車尾翼

車尾翼可藉由三種行車模式，做出三段式高度與角度調整。

照片提供：Nicole Racing Japan

BMW Vision Efficient Dynamics Concept
——低油耗卻能實現疾速的駕車快感

7.08

或許有人感嘆最近的汽車一味講究節能效果，至於速度表現、造型美感、駕馭感受，似乎已淪爲第二、第三……的後順位要求了。對此，BMW推出高效動力概念車「**BMW Vision Efficient Dynamics Concept**」來回應要求完美的愛車人士。

BMW Vision Efficient Dynamics Concept是BMW於2009年在德國法蘭克福車展發表的高效油電混合動力概念車。BMW也曾在過去推出重視節能性能的概念跑車，然而這部車的性能表現可說較以往的同概念車款更勝一籌。

BMW Vision Efficient Dynamics Concept是**渦輪增壓柴油引擎與馬達並存的油電混合動力車**。它結合了三種動力：配置於後輪前方的渦輪增壓柴油引擎與馬達，以及配置於前輪與後輪之間的馬達，配備四輪驅動，最大動力輸出356匹馬力（相當於262千瓦），最大扭力800Nm（牛頓公尺）；從靜止狀態加速到時速每小時100公里僅需4.8秒，極速可達每小時250公里。

儘管BMW Vision Efficient Dynamics Concept擁有如此高等的性能表現，在歐洲試車結果中，卻也有每公升26公里的低油耗表現。另一方面，它是部充電式油電混合動力車，在只憑電力行駛的情況下，可以連續行走50公里。它所配備的油箱容量不大，只有25公升，搭載低油耗的1.5升渦輪增壓柴油引擎，燃油的續航距離爲650公里。因此，在油料與電力皆爲滿檔的情況下，估計最遠可以行駛700公里。

它的電池採用鋰聚合物電池（Lithium Polymer Battery）。形狀細長的電池整列置於接近車體重心的車體中央位置，因此也有優異的運動性能。

BMW Vision Efficient Dynamics Concept 的構造

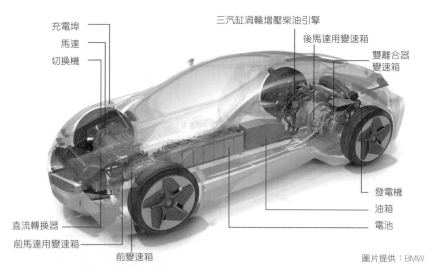

充電埠
馬達
切換機
直流轉換器
前馬達用變速箱
前變速箱

三汽缸渦輪增壓柴油引擎
後馬達用變速箱
雙離合器
變速箱
發電機
油箱
電池

圖片提供：BMW

這款高效油電混合動力概念車搭載前後馬達，引擎後置，其間設置油箱與整列的細長型電池。與引擎搭配的是六速雙離合器手動變速箱，馬達也配備減速齒輪。

車型看似小巧，四人乘座不成問題

做為掀背跑車款，它的性能十足；做為油電混合動力車，其環保性能兼備。後座空間略為狹窄，但四人乘坐不成問題。

照片提供：BMW

SSC Ultimate Aero EV
——誓言奪下世界最快電動車寶座

7.09

　　一聽到電動車（EV），各位是否立刻浮現環保性能佳，只有實用性吸引人的印象？事實上，若要說沒有其他汽車的性能能贏過電動車，那也是事實。只要想到同屬於電動車的新幹線列車，可以在乘載那麼多乘客的情況下，以每小時三百公里的速度行駛，就沒有理由懷疑電動車的可能性。

　　而且，就有車廠以打造**車速最快的市售電動車**為志向。這家車廠就是美國的「Shelby SuperCars」（簡稱SSC）。Shelby SuperCars設立於1999年。它在2007年所推出的Ultimate Aero，就已寫下每小時412公里這樣快得令人難以置信的紀錄，而且經過金氏世界紀錄採信。2008年，該車廠又發表超級電動跑車「Ultimate Aero EV」。

　　Ultimate Aero EV搭載單一具就擁有500匹馬力的強力馬達兩具。SSC稱該電動驅動系統為「**All-electric Scalable Power Train**」，簡稱AESP。該電動驅動系統採用高性能的鋰離子電池，利用110伏特的電源充電，僅需十分鐘便可充電完成，續航力高達320公里。不過，Ultimate Aero EV的底盤結構還未完全定案，未來有可能在前後各自配備馬達，成為四輪驅動車。

　　Ultimate Aero EV對於最高車速所設定的目標，大約在每小時340公里。如果Shelby SuperCars完成這款世上最快的市售電動車，那麼AESP便有望搭載於其他車款上，大家不妨拭目以待。

SSC Ultimate Aero EV

照片提供：Shelby SuperCars

Ultimate Aero EV 的現下造型。車體、車架等基本構造和市售最快機器「Ultimate Aero」一樣。該車體合計搭載 1,000 匹馬力的馬達，從靜止狀態加速到每小時 100 公里僅需 2.5 秒，極速約為 340 公里。Ultimate Aero EV 打造完成後，必定是市售最快的超級電動跑車。

車尾造型

照片提供：Shelby SuperCars

車體採用碳纖維材質，車架採用鋼管結構。本照片車款配備集氣箱（Exhaust Muffler），不愧是 Ultimate Aero。

F1賽車科技
——領導汽車進化的先驅

7.10

　　集汽車領域之先端科技於一身的，就是最高級賽車運動用車——F1賽車。部分F1賽車科技的進展甚至比航空宇宙工學還先進，還能提供航空宇宙工學做為參考呢！

　　有關F1賽車所能運用的技術，會因為大會每年規定之不同而有所變動，但為了證明自家車廠的賽車能夠在某時間內跑完賽程，車速可是不受技術規定所限，年年都有提升。

　　例如，針對賽車引擎迴轉數的最高限制，在過去某個時期，曾來到每分鐘二萬轉這樣的超高迴轉數。但是現在的規定，已將迴轉數上限往下修，以每分鐘一萬八千轉為最高上限。至於引擎的形式，則統一規定為2.4公升的V型八汽缸引擎，且限重95公斤。

　　在耐用性方面，F1賽車只要能夠應付二輪賽事便已足夠。因此，車廠為F1賽車引擎所投入的技術，**和市售用車相比，完全是不同層次的技術**。就拿產出馬力來說，F1賽車就要求引擎必須有每公升排氣量產出三百匹馬力以上的實力。

　　而為了完全掌控流過車體表面的空氣，有關「空氣力學」方面技術表現， F1賽車可說是領先各界。

　　除此之外，如同前面章節所舉例，有關車架或懸吊適用的碳纖維素材，或是鋁合金等金屬素材等新素材的開發，F1賽車廠也都相當積極投入。

　　就汽車工業技術開發的進程而言，F1賽車技術的開發對於該車廠旗下的市售車來說，具有先行指標的意義。所以說，由世界級頂尖賽車手所操控的F1賽車，**今後也將繼續帶領汽車工業技術向先端演進**。

賓士為F1賽車打造的引擎

這具引擎曾經出賽2009年的F1世界錦標賽。它克服了如同本篇所述的種種限制,展現740匹以上的馬力,是相當值得依賴的引擎,因而贏得許多好評。本具引擎曾於2009年搭載於McLaren與Brawn GP的F1賽車上,在Brawn GP的賽車手J.Button的駕駛下成功奪下世界冠軍獎座。

照片提供:McLaren Group

賓士為F1賽車打造的賽車方向盤

這只方向盤以碳纖維材質打造而成。盤面搭載許多車輛特性調整裝置的控制鈕。在比賽中,萬一方向盤出現狀況,賽車手可以將方向盤整只拆下換新後重新設定,便可繼續參賽。

照片提供:McLaren Group

F1賽車組裝廠

照片為位於英國的McLaren技術中心(McLaren Technology Centre)內、隸屬McLaren賽車部門(McLaren Racing)的賽車組裝設施。組裝場地明亮潔淨且安靜,讓人很難把它和配備工作機械,能夠讓研究人員自行切削機械零件、組裝賽車的場所聯想在一起。主要處理碳纖維專用的巨大壓力鍋(請參照P.191)設置於其他樓層,本樓層則設有處理小型的碳纖維專用的壓力鍋,讓工程師可在本樓層立即完成小型的碳纖維材質零件的製作。

照片提供:McLaren Group

後記

低調卻實用的高科技裝備

　　有些汽車的高科技裝置很難讓駕駛或乘客察覺它的存在。大概只有油電混合動力車上，切換引擎與馬達二種動力來源的切換裝置，或是讓駕駛在夜間駕駛時比較容易發現路人的夜視系統，比較能讓人感覺得到它們的存在。

　　像是為了提升油耗表現，而在引擎方面所做的各種控制技術、裝設於引擎內部的各種精密裝置、支援駕駛人使駕駛操作更順利的裝置，或是在危急時刻保護乘客同時也保護行人的安全裝置等，都漸漸做到讓人不容易感受到它的存在。

　　如果都沒有使用到汽車所配備的安全裝置，當然也就不會感到它們的存在。許多與舒適性有關的裝置，更是做到不大肆主張自己的存在，寧願低調但確實地為乘客服務。而要讓這些裝置自然且不著痕跡地運作，在開發上其實有許多難處得克服。至於一般駕駛民眾，則是很難感受到那些工程師日以繼夜為此下苦工的辛勞。

　　提到我寫這本書所面臨的困難，其實也包括了怎麼寫才能讓讀者體會完成這些高科技裝置的困難性。如果讀者在讀完本書以後能夠體認到：「原來我們所乘坐、駕駛的汽車，搭載了那麼多來自世界各地技術研究人員辛勞開發的先端科技！」那將是筆者無上的喜悅。

　　在此，筆者要深深感謝協助那些曾經給予本書協助的汽車廠、汽車零件廠，以及其工程技術人員、廣宣人員等。

　　要出版這樣的書籍，作者與編輯的關係猶如二人三腳，若非同心協力，難以完成。因此，在最後，筆者還要感謝編輯部石井顯一先生。石井先生不辭辛勞給予協助，並且不吝提出與筆者不同觀點的問題或提案，讓筆者在內容撰寫上受益良多。

參考文獻

- **書籍**

  「新素材テクノロジー＆アプリケーション」MOL編集部著（オーム社、
     1988年）

- **雑誌**

  「自動車工学 」（鉄道日本社 2007~2009年）

  「オートモーティブエレクトロニクス」（リード・ビジネス・インフォメ
     ーション，2008-2009）

  「EDNJapan』（リード・ビジネス・インフォメーション，2008-2009）

- **網站**

  TDK http://www.tdk.co.jp/

  BP http://www.bp-oil.co.jp/

  NASA http://www.nasa.gov/

- **協助**

  豐田汽車 http://www.toyota.co.jp/member.html

  日產汽車 http://www.nissan.co.jp/

  本田技研工業 http://www.honda.co.jp/

  馬自達 http://www.mazda.co.jp/

  富士重工業 http://www.subaru.jp/

  三菱汽車工業 http://www.mitsubishi-motors.co.jp/

  大發工業 http://www.daihatsu.co.jp/

  鈴木 http://www.suzuki.co.jp//

  戴姆勒 http://www.daimler.com/

  BMW http://www.bmw.com/

  富豪汽車 http://www.volvocars.com/

  Shelby Supercars http://www.shelbysupercars.com/

  McLaren http://www.mclaren.com/

  普利司通 http://www.bridgestone.co.jp/

  電綜 http://www.denso.co.jp/

  博世 http://www.bosch.co.jp/

  ZF Friedrichshafen AG http://www.zf.com/

  德爾福 http://delphi.com/

  BUGATTI http://www.bugatti.co.jp/

  Independent & Authorised Importer of Bugatti 03-3478-1811

國家圖書館出版品預行編目（CIP）資料

汽車最新高科技 / 高根英幸著；黃郁婷譯. -- 二版. --
臺中市：晨星出版有限公司，2022.08
　　面；　公分. --（知的！；29）

譯自：カラー図解でわかるクルマのハイテク

ISBN 978-626-320-148-4（平裝）

1.CST: 汽車 2.CST: 汽車工程

447.1　　　　　　　　　　　　　　　111008044

知的！29

汽車最新高科技（全彩修訂版）
カラー図解でわかるクルマのハイテク

填回函，送 Ecoupon

作者	高根英幸
譯者	黃郁婷
審訂	吳浴沂
編輯	陳俊丞、許宸碩
校對	陳俊丞、張沛然、黃幸代、許宸碩
封面設計	Ivy_design
美術設計	謝靜宜、王廷芬、黃偵瑜

創辦人	陳銘民
發行所	晨星出版有限公司
	407台中市西屯區工業30路1號1樓
	TEL：（04）23595820　FAX：（04）23550581
	E-mail:service@morningstar.com.tw
	http://www.morningstar.com.tw
	行政院新聞局局版台業字第2500號
法律顧問	陳思成律師
初版	西元2022年08月01日　二版1刷

讀者服務專線	TEL：（02）23672044 /（04）23595819#212
讀者傳真專線	FAX：（02）23635741 /（04）23595493
讀者專用信箱	service@morningstar.com.tw
網路書店	http://www.morningstar.com.tw
郵政劃撥	15060393（知己圖書股份有限公司）
印刷	上好印刷股份有限公司

定價380元
（缺頁或破損的書，請寄回更換）
版權所有・翻印必究
ISBN 978-626-320-148-4

Color Zukai de Wakaru Kuruma no High-Tech
Copyright ©2009 Hideyuki Takane
Chinese translation rights in complex characters arranged with Softbank
Creative Corp.,
Tokyo through Japan UNI Agency, Inc., Tokyo and Future View
Technology Ltd., Taipei.
Printed in Taiwan